見てわかる農学シリーズ 2

第2版

園芸学入門

今西英雄・小池安比古［編著］

河合義隆・峯　洋子［著］
雨木若慶・馬場　正

朝倉書店

執筆者一覧（執筆順）

氏名	所属	担当
今西英雄*	前東京農業大学農学部（初版編著者）	(1章，2.1，2.4，6.1，6.2節)
小池安比古*	東京農業大学農学部	(1章，2.1，2.4，6.1，6.2節，10章)
河合義隆	東京農業大学農学部	(2.2節，3章，6.3節)
峯　洋子	東京農業大学農学部	(2.3節，7，8章)
雨木若慶	東京農業大学農学部	(4，5章)
馬場　正	東京農業大学農学部	(9章)

*：編著者

はじめに

平成という時代が終わろうとしているが，野菜，果実，花の生産額の合計は農業粗生産額の約 40％を占め，米を主とする農作物や畜産をしのいでおり，園芸は今も金額ベースではわが国の農業を支える大きな柱であることに変わりはない．多様で質の良い安全な生産物を，豊富に安く，安定して継続的に，一般消費者に供給することが園芸の課題であり，園芸の生産者や研究者，技術者がこの課題にこたえ，解決してきた成果である．

『園芸学入門』が出版されてから十数年が経った．初版については今西英雄先生をはじめ，今回第２版の執筆にあたった筆者らの恩師の先生方が園芸学の高度な内容を簡潔にわかりやすくまとめてくださったおかげで大変好評を得て，多くの大学，短期大学，専門学校，農業大学校などで園芸学の教科書として利用していただいた．初版が刊行されてから，この第２版を刊行するまでの間，園芸学も他の学問と同様に大いに進歩を遂げており，このような進歩の成果を取り入れて本書を改訂することとなった．初版の執筆を担当された恩師の先生方に代わり，新たに馬場　正，峯　洋子，小池安比古が執筆者として加わった．ただ，園芸学の基礎が読むだけで理解ができるように，図版を多く取り入れて，できるだけ易しく表現するという姿勢は変えていない．初版同様，本書が園芸学の理解を深めるためにいくらかでも寄与できれば，執筆者一同にとって望外のよろこびであり，さらに読者諸賢のご叱正をいただければ幸いである．

第２版の出版にあたり，初版の編集にもあたられた今西英雄先生には種々の有益な助言をいただいたうえ，懇切なご校閲を賜った．また，朝倉書店の各位には大変お世話になった．この場を借りて，厚く御礼申し上げる次第である．

2019 年 3 月

著者を代表して　小池安比古

初版の序

園芸作物の粗生産額，すなわち野菜，果実，花の生産額の合計は農業粗生産額の約38%を占め，米を主とする農作物や畜産をしのいでいる．園芸は，金額ベースでは日本農業を支える大きな柱となっている．人々の主食となる穀類，イモ類，マメ類などは食用作物とよばれ，工業原料となる工芸作物，家畜の餌となる飼料作物，緑肥作物とともに農作物としてまとめられる．同じ食料となるのに野菜や果物は食用作物に入れられず，食用ではない花とともに園芸作物としてまとめられている．なぜだろうか．ここから園芸について学ぶことは始まる．

この野菜，果物，花という園芸作物の生産・栽培を中心に歴史，分類から利用まで広い範囲を学ぶのが園芸学である．対象となる作物が3つに分かれることから，果樹園芸学，野菜（蔬菜）園芸学，花卉園芸学の3分野に細分されて講義されることが多い．さらに，研究の進展にともなって，対象となる作物別でなく全体に共通する分野として，園芸種苗生産学，園芸バイテク学，施設園芸学，あるいはポストハーベスト学など，多くの園芸に関わる学問が細分・体系化されてきている．しかし，これらの分野に共通する基礎，基本を学ぶのが園芸学であり，園芸について学び知る第一歩である．

本書は，「見てわかる農学シリーズ」の中の「園芸学」の教科書として企画されたものである．本シリーズは，大学ではじめて農学・資源生物学・応用生命科学などにふれる1～2年生や，短期大学，専門学校，農業大学校の学生のための，農学の教科書シリーズである．園芸学，あるいは果樹・野菜・花卉園芸学については，多くの優れた専門書が刊行されているが，はじめて農業，園芸を学ぼうとする学生にとっては，やや難しすぎるきらいがある．そこで，東京農業大学農学部農学科園芸生産科学コースの教員が分担して執筆したのが本書である．本書では，園芸学の基礎が読むだけで理解できるように，図版を多く取り入れて，できるだけ易しく表現するように努めた．高等学校での学習から細分化された専門の学問分野に進む橋渡しとなる教科書として，あるいは園芸・園芸生産について広く知る参考書として，広く使っていただければ幸いである．

この本の出版にあたり，東京農業大学の三浦周行教授，橘　昌司教授には校正の段階で数々の有益な助言をいただいた．また，朝倉書店の各位には本書の企画段階から多大な尽力をいただいた．末筆ではあるが，この場を借りて謝意を表したい．

2006年4月

著者を代表して　今西英雄

目　　次

■コラム■

1 園芸と園芸作物

〔キーワード〕 作物，園芸，園芸作物，農作物，果樹，野菜（蔬菜），花卉，生産園芸，趣味園芸，社会園芸，都市園芸，生産と消費，輸出・入

野菜は人が生きていくために必須の食品であり，健康を維持するうえで欠かせない．果物は日々の食卓に楽しみと潤いを与える食物として，またがんや生活習慣病，老化の防止などに効果のある機能性成分を含む食品として大きな役割を果たしている．さらに，正月の七草がゆや冬至の日のカボチャなど年中行事に使われたり，庭先のウメは春の訪れを告げ，色づくカキは秋の深まりを感じさせるように，季節を彩る風物詩として生活に潤いを与えてくれる．四季折々に咲く花は生活を豊かにし，心をなごませる素材として常に身近に存在している．いずれも心を豊かにするとはいえ，野菜と果物は食物であり，花は食物ではない．しかし，これらは園芸，園芸作物として1つにまとめられているのはなぜなのだろうか．この章では，園芸とは何であるかをみたうえで，園芸が産業として成立し発展していく過程，生産と消費の現状をみていくことにする．

1.1 園芸の定義と特色

a. 園芸の成立

人類が農耕を始めたのは今から約1万年前のことと推定されている．農耕の始まりとともに野生の有用植物が栽培化され，栽培植物，すなわち作物が生まれた．作物の栽培は主食となる穀物から始まり，野菜や果樹の栽培はそれより後のことで，野菜が紀元前5,000～6,000年頃，果樹は紀元前3,000年頃とされている．最初は山野に自生する植物や食用になる果実を採集していたが，次第にそれらの中から，品質や収量のすぐれた個体を選び出して増やし，住居の近くに植え付け栽培するようになったのであろう．また，シュメールやナイルで発掘された紀元前3,000年頃の土器にそれぞれキクやスイレンの文様がみられることから，文明の発生とともに，自然の植物を観賞するゆとりが生じていたこともうかがえる．その後，地中海東岸から近東にかけての地域や中国やインド，南米など，古くから文明の発達した地域を中心にして，さまざまな野菜や果樹が生まれ（**図1.1**），文化の交流にともなって世界各地に伝えられていった．

華やかなギリシア，ローマ時代から中世初期の暗黒時代を経て，13～14世紀になると，イギリスやフランスでは封建制が崩壊して，国王に権力が集

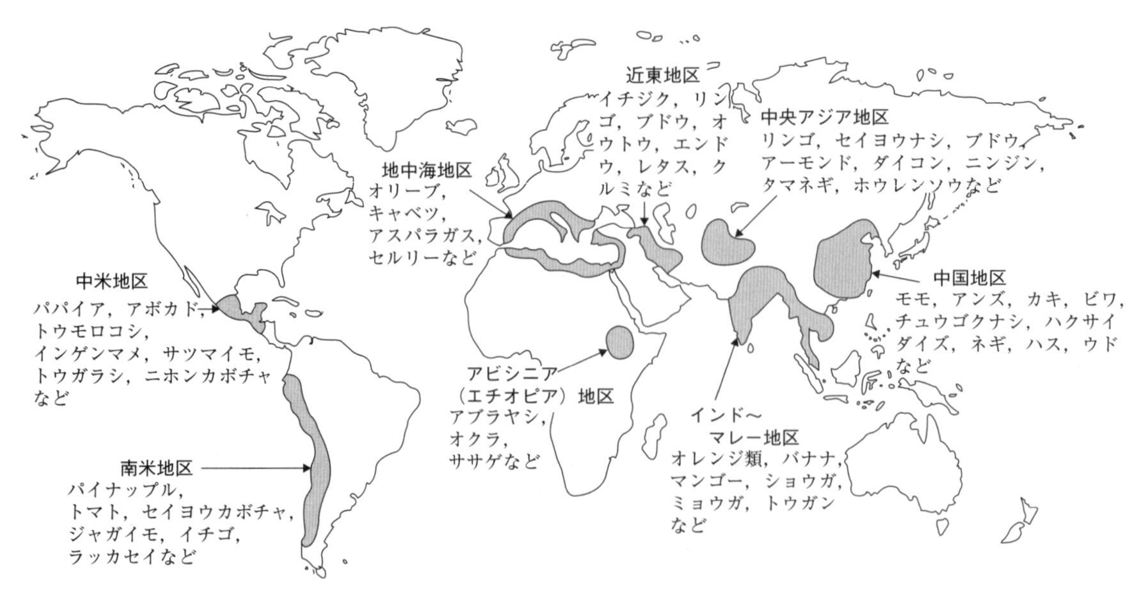

図 1.1　栽培植物の起源中心地域と起源したおもな果樹と野菜（Vavilov，1935 より）

中し，城が宮殿に変わった．宮殿内には庭園がつくられ，珍しい異国の果樹や花，季節外れの野菜が栽培されて，王侯，貴族に供給されるようになった．造園，果樹，野菜，花の栽培の一体化であり，16 世紀になると，一般家庭でも，園をつくり，果樹，野菜，花を栽培することが普及してきた．それをうけて，1631 年には英語で初めて horticulture という言葉が使われ，1678 年に新語として紹介されている．このように，17 世紀になり，horticulture という概念が生まれてきたのである．

園芸という語は，この英語の horticulture の訳語である．1867 年にロプシャイト（Lobscheid）により編纂された“*English and Chinese Dictionary*”の第 2 巻で，horticulture が「園芸，種園之芸」と訳されたことに始まる．horticulture はラテン語の hortus（囲うこと，または囲まれた土地の意）と cultura or colere（栽培，耕作の意）に由来している．漢字の園芸という語は，比較的狭い土地で囲いをして，植物を保護しながら栽培管理するという意味にあたり，英語の訳としては当を得ているといえる．

これに対し，日本では，江戸時代に果樹や野菜栽培は農業生産の一翼として，農村や都市近郊を中心として発達した．果樹では商品としての栽培が盛

■コラム■　クリと日本人

ニホングリは，イネが縄文時代後期に大陸から渡来して定着し，日本人のおもな食糧となるまで，コメの代わりをつとめていたと考えられている．落葉広葉樹林でのクリ拾いは，貯蔵して冬場を食べつなぐ重要な食料採集であったのだろう．それを証明するのが，縄文時代前期から中期の三内丸山（さんないまるやま）遺跡（青森市）で，クリの花粉が大量に検出されたことである．集落の周囲で，雑木を伐採したり，種子を播いて，クリの樹を植林して管理していたと考えられている．また，福井県の鳥浜（とりはま）遺跡では，整然と並んだクリの樹の跡が発見されている．日本人にとって，最も早くから生活に密着していた果実といえる．

んになり，たとえば紀伊（和歌山県）のミカンのように，地域の特産物として広域流通し江戸に運ばれ販売されるものまで出てきた．野菜では江戸・小松村のコマツナ，大阪・天王寺のカブなど，都市近郊に名産品が生まれている．これに対し，花の栽培，造園は都会を中心に発達し，美的要求を追求し満足させるものとして，芸術的価値を発揮してきたという違いがみられる．江戸ではサクラ，ツツジ，ツバキ，キク，ハナショウブなど多くの花の育種が盛んに進められる一方，庶民の家の前には小庭がつくられ好みの草花が少しばかり植えられていた．

江戸時代の地域特産物
紀伊のミカンの他に，大和や会津のカキ，甲斐のブドウ，伏見のモモ，丹波のクリ，越後のナシなどが地域特産物としてあげられる．なお，東京の神田市場，大阪の天満市場の前身は17世紀の初期に始まったとされる．

このように近年になるまで，わが国では果樹・野菜と花を同一の場所で栽培することはほとんどなかったのである．そのため，明治時代になって，欧米から学問の一分野として園芸学が導入されるまで，園芸という概念はなかったといえる．1873（明治6）年に出版された柴田昌吉・子安峻（たかし）著の『英和字彙』（*An English and Japanese Dictionary*）で初めて，園芸は horticulture，gardening の訳語として現れた．1880年には駒場農学校の諸学科改定表の中に「園芸及び樹林培養法」として使われている．ただ今日でも，園芸といえば花の栽培や庭づくりと考えられがちである．

gardening
アングロサクソン語の gyrdan に由来し，「囲まれた」の意である．

b.　園芸と園芸作物

園芸とは，生産の立場からは，果樹，野菜，観賞用植物である花卉（かき）などを資本と労力をかけて集約的に栽培することとされ，対象とする作物の種類により，果樹，野菜（蔬菜（そさい）），花卉園芸に分けられる．これに対し，広い土地で農作物を栽培するのが狭義の農業（agronomy）であり，林木を森林で育てる林業（forestry）の他，動物を対象とする畜産（animal husbandry）を加え，農業（agriculture）となる（**図1.2**）．また果樹，野菜，花卉は囲われた園地で比較的小規模に栽培されることから園芸作物（horticultural crops）としてまとめられ，農作物（field crops）とは別に扱われる（**図1.3**）．果樹や野菜も人の食べ物として栽培されるため，広義の食用作物であるが，食用作物は穀類，イモ類，マメ類など，主として人間の主食または主食に準ずるものに限定して使われる．この食用作物に，繊維，油料，嗜好品，糖類など工業原料となる工芸作物，家畜の餌となる飼料作物，緑肥作物をまとめて農作物としている．

果樹とは食用となる果実をつける木（木本（もくほん）植物）の総称であり，果実生産を目的に果樹を栽培することが果樹園芸である．ただし，バナナは草本（そうほん）性であるが果樹とされ，メロン，スイカなどは野菜である．イチゴ（strawberry）は草本であり，わが国では野菜であるが，海外では数年続けて収穫するため，ブルーベリーなどの仲間として小果樹に入れられている．

「果」とは？
果樹の「果」とは木につく果実を意味する．

野菜は蔬菜ともいわれ，食用とする草（草本植物）の総称であり，柔軟多汁で主として副食物に利用される．俗に青物（あおもの）（greens）といわれ，果物とあわせて青果物（せいかぶつ）と呼ばれ，青果市場で一緒に扱われる．生産や利用の形態で

「野菜」と「蔬菜」
野菜の「菜」は葉，茎，根を食用とする草の総称で，野菜とは元来，野（山野）でとれて食べられる草を意味する．蔬菜の「蔬」も食べられる草本植物のことであり，蔬菜は栽培植物に限定して用いられてきた．しかし，当用漢字から蔬の字が除外され，蔬菜に代えて野菜を用いるように行政措置がとられたため，「野菜」が標準化している．

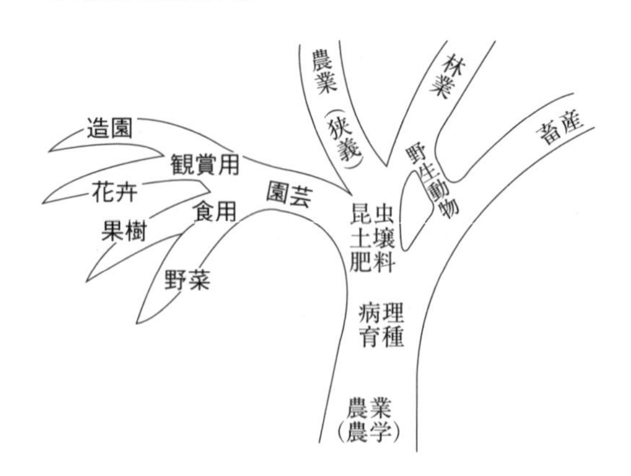

図 1.2　農業およびその技術に関する系統樹

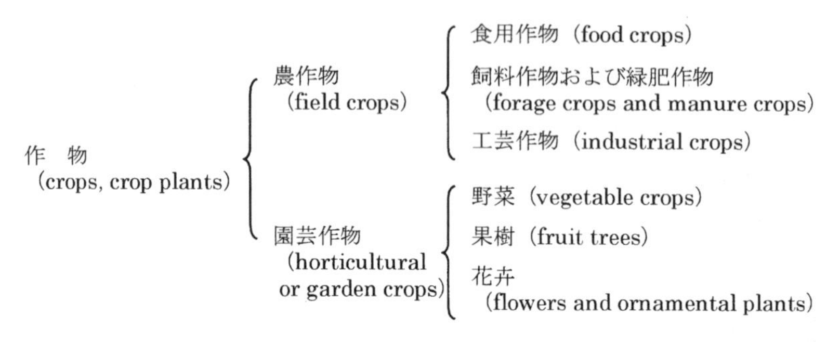

図 1.3　農作物と園芸作物

は農作物や林産物とされるものも含まれる．ジャガイモ，サツマイモなどのイモ類は主食，工業原料，飼料とみれば農作物であり，副食としてみれば野菜である．マメ類やトウモロコシは未熟な豆や莢（さや）を利用すれば野菜であり，完熟した乾燥子実（しじつ）を利用すれば農作物になる．シイタケ，シメジなどのキノコ類は林産物であるが，野菜として扱われる．

「花卉」とは？
花卉の花は端（はな）から転じたとされ，著しく顕れ目立つという意であり，卉は屮（草）を3つ合わせたもので草の総称である．花卉とは花草，くさばな，花の咲く草の意となる．

花卉は観賞のために栽培される草本および木本植物であり，観賞植物（ornamental plants または ornamentals）と同義である．しかし花卉は英語で florist crops といわれるように切り花，鉢物（はちもの），苗物（なえもの）など，おもに花店で扱われるものを意味しているのに対し，観賞植物は造園用に使われる植木やグランドカバープランツ（地被（ちひ）植物）なども包含しており，幅広い意味で使われることが多い．わが国の農林水産統計では，花きと称して切り花類，鉢もの類，花壇用苗もの類，球根類だけでなく，花木（かぼく）類（＝植木），芝，地被植物類を含めている．

c.　園芸学とその発展

園芸学（horticultural science）とは，園芸作物の生産および栽培に関する学問であり，栽培を中心にして園芸作物の歴史，分類，繁殖，生産，利用，育種，病害虫など広い範囲を応用科学として体系的に取り扱う．対象となる園芸作物が果樹，野菜，花卉の3つからなることから，園芸学も果樹園芸学（fruit science, pomology），野菜（蔬菜）園芸学（vegetable crop science, olericulture），花卉園芸学（floricultural science, floriculture）の3分野に分けられる．

園芸学は，これまで作物別に果樹，野菜，花卉園芸学と体系づけられてきたが，研究の進展にともなって園芸作物全般に共通する基礎的理論と応用科学を含め，園芸育種学，園芸繁殖学，園芸種苗生産学，園芸バイテク学，バイオナーサリー学，施設園芸学，あるいはポストハーベスト学，園芸利用学，青果保蔵学などが細分・体系化されてきている．これらは，いずれも園芸作物の生産・利用の技術を中心に，営利生産を目的とする生産園芸（commercial horticulture）を支える方向で発展し，体系化されてきた．

これに対し，販売を目的とせず，個人の楽しみで植物を育てる趣味園芸（amateur gardeninng）の世界がある．古代から近代までの園芸，特に花卉園芸の大部分は，この趣味園芸のカテゴリーに入り，江戸時代の園芸文化も趣味園芸の中で発展したものである．現在，この世界は家庭園芸（home gardening）とも呼ばれ，家庭菜園では野菜や小果樹を育て収穫の喜びを味わい，庭には花を植えてガーデニングを楽しむ層が増えている．精神的ストレスが高まる現代，家庭園芸を楽しむだけでも健康は維持され，心は豊かになり，癒しの効果は得られる．

花や緑，観賞植物は季節の変化を伝え，色や形・香りはさまざまな心理的影響を与え，生活に彩りを添えてくれる．このような効果は，血圧，脈拍数，脳波などの生理的な反応としてもとらえられている．また，観賞植物を利用して，健康や生活の質（quality of life）の改善を図ることも可能である．身近な例をあげると，オフィスや室内に植物を配置することにより，人間の快適性を向上させようという研究も進み，観葉植物を利用した空気清浄効果，気温上昇緩和効果も期待できる．また，VDT作業の後の眼の疲労回復効果も認められている．このように，植物は人を変える力，すなわち情報をもっており，このような情報を活かすことにより，福祉や医療，あるいは教育などに役立てることが可能であり，そのような分野を担うのが社会園芸（sociohorticulture）となる．そして，このような園芸のもつ機能を医療の一環として取り入れているのが園芸療法（horticultural therapy）である．

VDT作業
VDTとはvisual display terminalsの略でディスプレイをもつ画面表示装置を用いた作業のことである．

園芸療法
植物，園芸活動，自然に対し，人々が感じる生来の親しみを媒体として，精神的あるいは肉体的障害をもつ人たちの治療効果を高め，社会復帰をめざそうとする作業療法の1つである．

一方，人口の集中，過密化が進む都市において，空間に植物を配置して，屋上や壁面の緑化，花のある街づくりなど，都市の無機的な環境を有機的な環境に変え，豊かな景観やアメニティ（快適な環境）の創造を目指すのが都市園芸（urban horticulture）といわれる分野である．

このように今日では，生産・販売という経済的機能を主目的とする生産園芸だけでなく，園芸のもつ社会，文化，および環境的機能にも眼を向けた新しい発展・展開が期待されている．人間と園芸との関わり（human issues in horticulture）はますます深まるといえる（**図1.4**）．

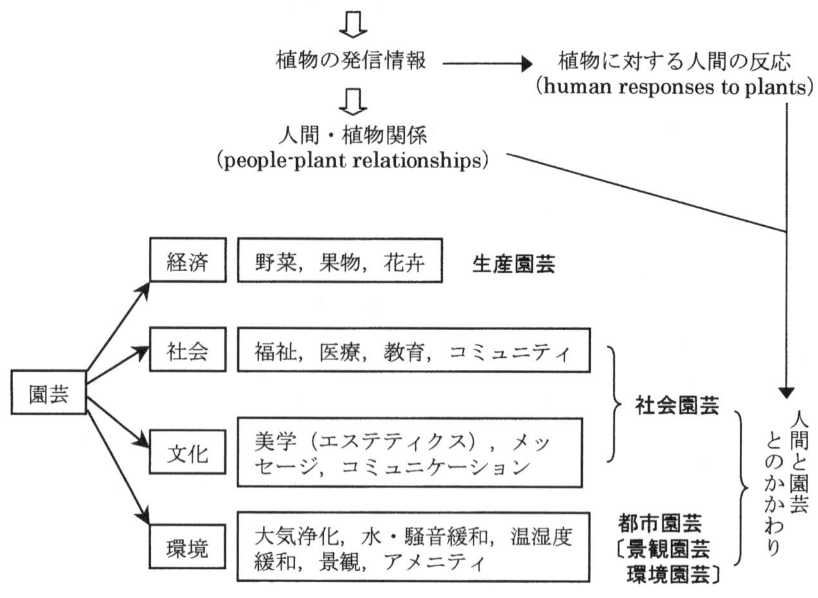

図 1.4 園芸の機能による区分（樋口，2000 より）

d. 園芸および園芸作物の特徴

園芸・園芸作物の特徴としては，永年作物である果樹，食用でない花卉の特殊性を例外とすれば，次のような点があげられる．

① 利用部位の多様性： 葉，茎，根，花，果実など植物体のすべての器官が利用対象となるように，利用部位が多様である．

② 利用面・利用価値の多様性： 副食物や嗜好食品，デザート，あるいは観賞用といった利用面が多岐にわたり，ミネラル，食物繊維，カロテン，ビタミン類など栄養成分だけでなく，機能性成分の供給源にもなる．

③ 種類・品種の多様性： 多くの種類が栽培され，主要な種類では品種が発達し，その数もきわめて多い（第 2 章を参照）．

④ 多汁性： 他の農作物に比べ収穫物の水分含量が高く，貯蔵性に乏しいので，収穫後の生理が重要な課題となる．また収穫の機械化が難しい．

④ 周年生産・周年供給： 収穫物の利用期間が限られるため，周年にわたり新鮮なかたちで供給するには，周年生産が求められる．

⑤ 施設栽培： 周年生産のため，施設を利用しての栽培が多くなる．

⑥ 集約性： 施設栽培が主体となると，限られた面積に大きい資本と労力を投入して多くの収入を得ようとする集約性が高まる．

⑦ 高度の技術： 文化的・嗜好的側面から，生産物の品質に対する要求が極めて高いため，栽培には最新の情報と高度の技術が必要とされる．

⑧ 価格の変動： 需給のバランスで価格が決定されるため，特に露地栽

培を主体とする種類の生産は天候に支配され，市場価格の変動が大きい．あるいは栽培管理の程度によって収穫物の品質に差が生じ，価格に大きな差が現れる．

1.2　生産と消費の動向

明治時代になると，欧米文化の移入とともに，各種の園芸作物の導入が行われた．果樹ではリンゴ，アメリカブドウ，ヨーロッパブドウなど，野菜ではトマト，キャベツ，タマネギ，ピーマンなどが導入され，本格的な生産が開始された．花卉ではカーネーション，バラ，スイートピーなど，いわゆる洋花の生産が増えていった．その後，果樹，野菜，花卉いずれも発展を続け，第二次世界大戦が始まる前には生産はピークに達していた．しかし，戦時中に果樹は不急作物として栽培が制限されて終戦時（1945 年）には戦前の約 1/2 に減少，花卉は贅沢品とされ壊滅状態になった．野菜も労働力や諸資材が不足する中で急速な衰退を余儀なくされた．しかし，戦後の復興ともに生産は伸び始め，1955 年頃には，ほぼ戦前の水準に戻った．

a.　生産の動向

(1)　農業生産における園芸の位置

1960 年には，わが国の農業総産出額の 47%を米が占めており，野菜 9%，果実 6%，花卉 0.4%であり，園芸作物全体でも 15.5%にすぎなかった．しかし，その後の経済の発展とともに，生活のスタイルも変わり，イネの作付け面積の減少もあって，1988 年になると米や畜産をしのいで園芸作物の産出額が最も多くなり，その後もこの状況は変わらない．ただし，園芸作物の産出額は 1991 年まで漸増を続けていたが，以後は減少から横ばいに転じている（**図 1.5**）．近年では，園芸作物を含む農産物の生産段階で GAP をはじめとする安全性に対する信頼度を向上させようという動きが広がっている．

GAP
「good agricultural practice」の略で，「農業生産工程管理」または「適正農業規範」とよばれる．農業において食品安全，環境保全，労働安全などの持続可能性を確保する取組みのことである．

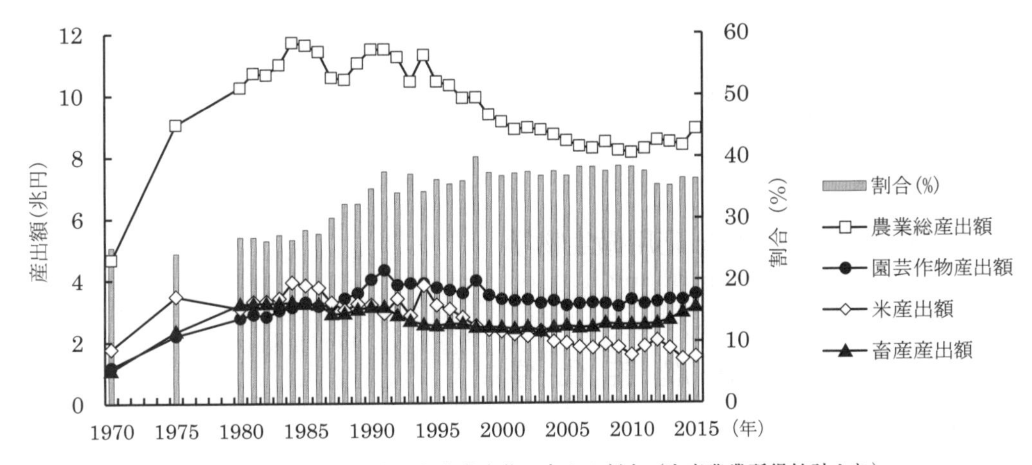

図 1.5　園芸作物の産出額と農業全体に占める割合（生産農業所得統計より）

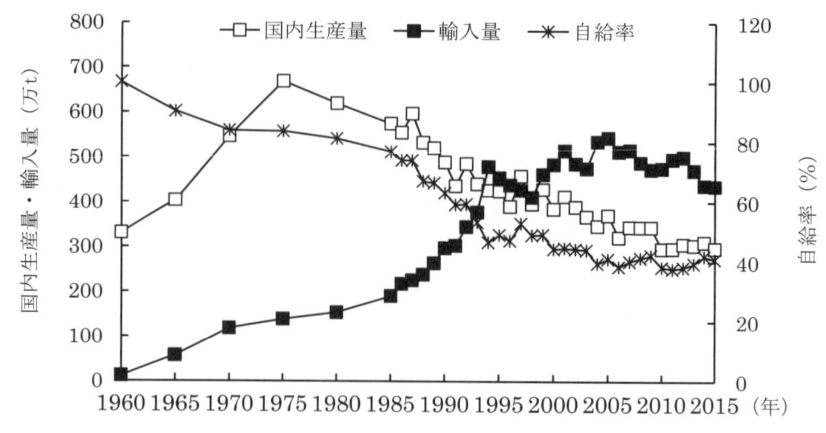

図 1.6　果実の国内生産量・輸入量および自給率の動向（食糧需給表より）

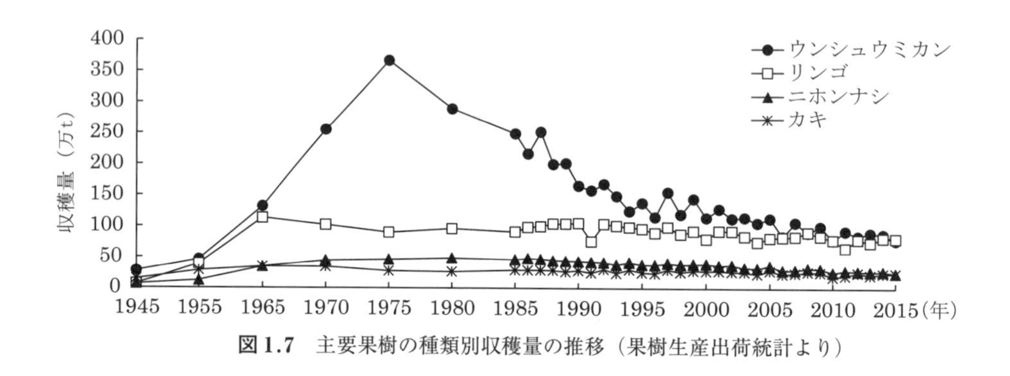

図 1.7　主要果樹の種類別収穫量の推移（果樹生産出荷統計より）

(2)　果　樹

1955 年頃より急速に増え，1975 年頃には 650 万 t（トン）前後に達した．その後は，輸入果実の影響を受けて減少し，1998 年以降は約 400 万 t にまで落ち込み，自給率も 50％を割っている（**図 1.6**）．栽培面積では，ピーク時である 1973 年の約 44 万 ha から減少を続け，2015 年には半分近くにまで減少している．最も生産が多いのはウンシュウミカンで，1975 年前後には 350 万 t を超えたが，近年は 80 万 t 前後にまで減少している（**図 1.7**）．次いで多いのはリンゴであり，以下ニホンナシ，カキ，ブドウ，モモの順であり，いずれも少しずつ減少傾向にある．ブドウの品種マスカット オブ アレキサンドリアの温室栽培は古く明治時代に始まっていたが，その他のブドウ，カンキツ類などで施設栽培が始まり盛んになったのは 1970 年代以降のことである．

(3)　野　菜

小規模で簡易なパイプハウスを使った施設栽培の普及，品種改良の進展や栽培技術の改善などにより，1955 年以降も生産は 1985 年まで増え続けた．その後は外国からの輸入増加，農業従事者の高齢化による減少により減少傾向にある（**図 1.8**）．2013 年まで生産量，作付面積ともに第 1 位はダイコンであったが，2014 年以降，キャベツが 1 位となり，タマネギ，ハクサイと

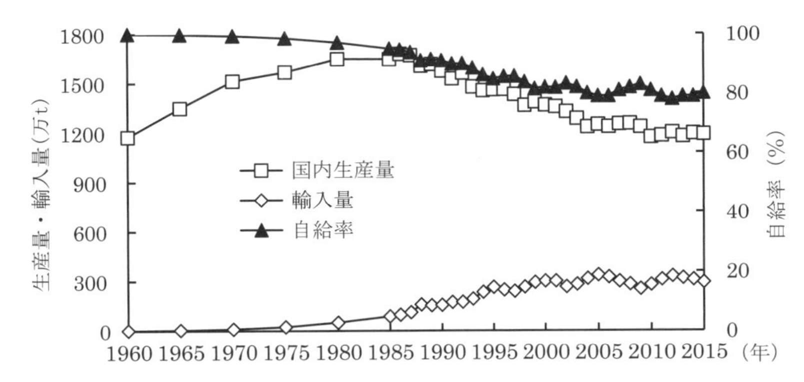

図 1.8　野菜の生産量・輸入量および自給率の動向（食料需給表より）

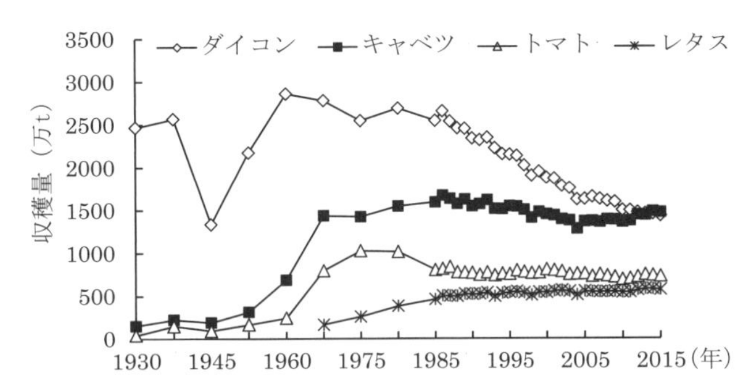

図 1.9　主要野菜の種類別収穫量の推移（野菜生産出荷統計より）

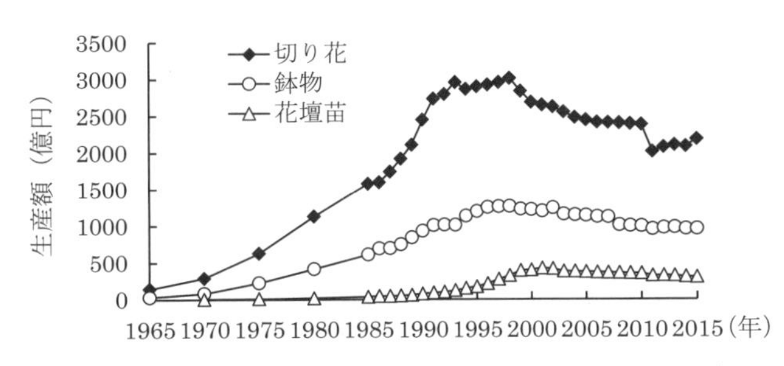

図 1.10　花卉の生産額推移（フラワーデータブックより）

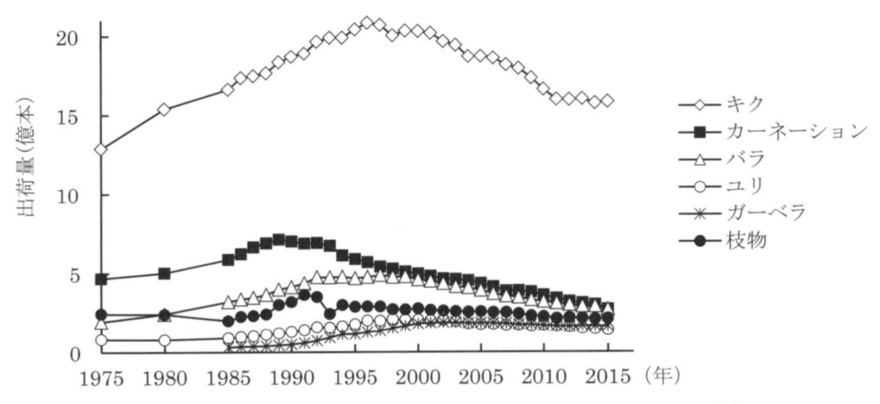

図 1.11　主要切り花の出荷量推移（フラワーデータブックより）

続く．ただし，これらの露地野菜は生産が減少ぎみである（**図 1.9**）．トマト，レタスなどの生産も，近年はほぼ横ばいである．

(4) 花 卉

1965 年以降，高度経済成長の波に乗って，切り花，鉢物，花壇苗を合わせた花卉の生産は拡大の一途をたどり，1980 年には 1,565 億円，1990 年には 3,451 億円と 10 年で 2 倍以上という成長を示した（**図 1.10**）．特に 1990 年に開催された「花と緑の国際博覧会」，いわゆる「花博」の前後数年の伸びは顕著であったが，1993 年以降は成長が鈍化した．近年は，長引く経済不況の影響を受けて，生産が減少方向にあり，特に切り花で顕著である．出荷量の最も多い切り花はキクであり，全体の 1/3 を超え，近年は 4 割前後になっている．次いでカーネーション，バラがほぼ並び，ガーベラ，ユリの順である（**図 1.11**）．

b. 輸出と輸入

(1) 輸 出

わが国の園芸作物およびその加工品の輸出は輸入に比べるときわめて少ない．農林水産物輸出入情報によれば，2010 年の輸出金額は果実関係 118.6 億円，野菜関係 54.7 億円，花卉関係（植木・盆栽類を含む）63.9 億円，合計で約 237 億円である．同年の輸入金額は果実関係 3,485 億円，野菜関係 3,451 億円，花卉関係 378 億円で合計 7,314 億円であり，輸出は輸入のわずか 3%強である．品目としてはリンゴ，ナガイモ類，植木等の輸出が突出している．

その後，2013 年に農林水産省の「農林水産物・食品の国別品目別輸出戦略」が策定され，青果物，花卉も加えられたことにより輸出の増加が続いており，2015 年には果実関係 252.6 億円，野菜関係 97.8 億円，花卉関係 82.6 億円，合計で約 433 億円と 83%弱も増加している．

■コラム■ 園芸作物の輸出の変遷

現在，園芸作物の輸出は微々たるものであるが，明治時代から山に生えているユリ球根を掘り取って輸出が始まっている．1873（明治 6）年のウィーン万国博覧会に出品されたのがきっかけで，1882（明治 15）年頃からヤマユリ，ササユリなどの企業的な輸出が始まった．明治 20 年代からテッポウユリが加わって本格的になり，最盛期の 1937 ～ 38（昭和 12 ～ 13）年には約 4,000 万球がアメリカやヨーロッパ諸国に輸出された．チューリップもアメリカ向けに 1940（昭和 15）年に 40 万球が出荷され，翌 1941 年に 300 万球の輸出契約が結ばれていたが，戦争のためご破算となった．第二次世界大戦後，輸出は復活し，最盛期の 1964（昭和 39）年には 1,980 万球が輸出されたが，円が変動相場となったため消滅した経緯がある．果樹でも，明治の中頃にウンシュウミカンの輸出がアメリカ，カナダ向けに始まっており，戦前の最大輸出量は 1940（昭和 15）年の 7 万 7,000t であった．ミカン缶詰も昭和のはじめから輸出され，1939 年には生産量の約 46%が輸出されていたという．戦後も 1947(昭和 22)年にウンシュウミカン，ミカン缶詰の輸出が再開され伸びていき，二十世紀ナシの輸出も試みられたが，円高のためきわめて少なくなっているのが現状である．

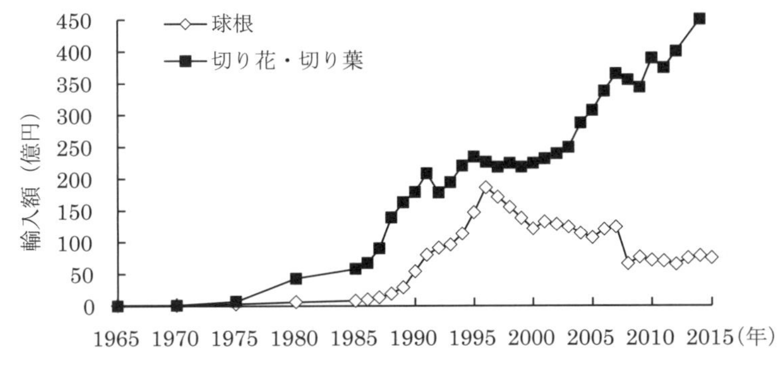

図 1.12　わが国の切り花・切り葉，球根の輸入推移（日本貿易月表より）

(2)　輸　入

果実では 1963 年にバナナ，翌年にレモン，1971 年にグレープフルーツと，次々と輸入の自由化が行われ，輸入量の増加が続いた（図 1.6 参照）．1988 年以降の急増はジュース，缶詰などの加工品の輸入によるものであった．安価なオレンジ果汁の輸入増加は加工原料用果実の取引価格の急落を招き，出荷運送費すら賄えないような状況になって，果樹生産を圧迫している．

野菜では，冷凍野菜や塩蔵・調製野菜がおもに輸入されていたが，1993 年以降，生鮮野菜が特に中国（ショウガ，ニンニク，ネギなど），アメリカ（タマネギ，ブロッコリーなど），ニュージランド（カボチャ）などから大量に輸入されるようになっている（図 1.8 参照）．このような輸入増加の背景には，日本企業による開発輸入や輸出国における品質の向上などがあげられる．一方では，「食の外部化」の進展による業務用・加工用需要が増加し，安価かつ安定供給を求める食品産業などのニーズの高まりが後押ししている．このため，日本の野菜生産が大きな影響を受けている．

開発輸入
日本側が現地生産者と契約を結び，品種や栽培方法を指定し，技術指導を行ったうえで輸入する（さらにはそれらの原料を日本市場向けに加工・調製する）方法である．

花卉でも，円高が進むにつれて切り花の輸入は着実に増加し，数量では切り花全体の約 1/3 に達している（**図 1.12**）．近年は，従来から輸入が多いタイのラン，中国のサカキだけでなく，コロンビアからのカーネーション，マレーシア，中国，ベトナムなど近隣諸国からのキク，バラなどの輸入が急増し，日本の生産を圧迫するようになっている．球根はオランダとの間で隔離検疫制度の免除が 1988 年から始まり，それに伴ってオランダからの輸入が急増を続けていたが，金額では 1997 年，数量では 2003 年以降減少傾向にある．最近では，環境にやさしい花卉生産と流通，販売までの取り組みを認証する国際的な制度である MPS（花卉産業総合認証）の導入が進んでおり，輸入品に対して競争力を高める努力が続けられている．

MPS
農薬の使用量を減らすなど環境に配慮した花卉栽培を推奨するため，1995 年にオランダで始まった認証制度．生産から販売まで一体となった取り組みに対して認証している．

c.　消費の動向

果実の国内消費に向けられた 1 人 1 年あたりの仕向量は，国内の生産量とともに 1975 年まで伸びていたが，その後は停滞傾向にある．この仕向量が

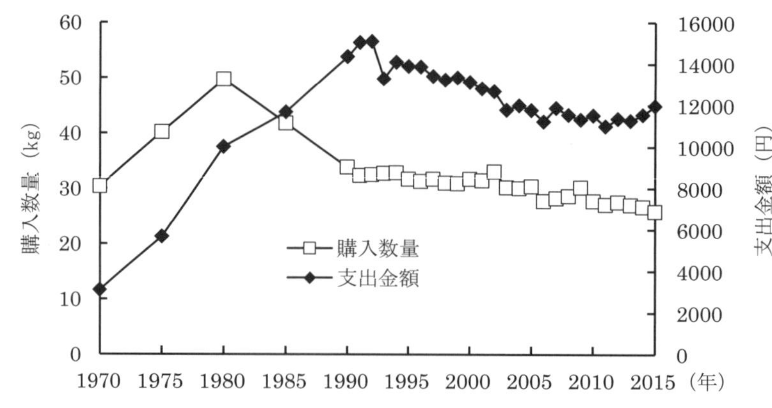

図 1.13　果実の 1 人あたり年間購入数量と支出金額の推移
（二人以上の世帯，家計調査年報より）

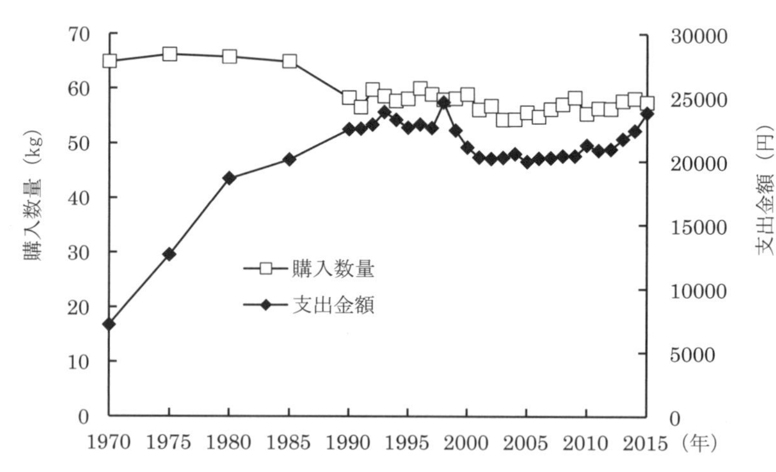

図 1.14　野菜の年間 1 人あたり購入数量と支出金額の推移
（二人以上の世帯，家計調査年報より）

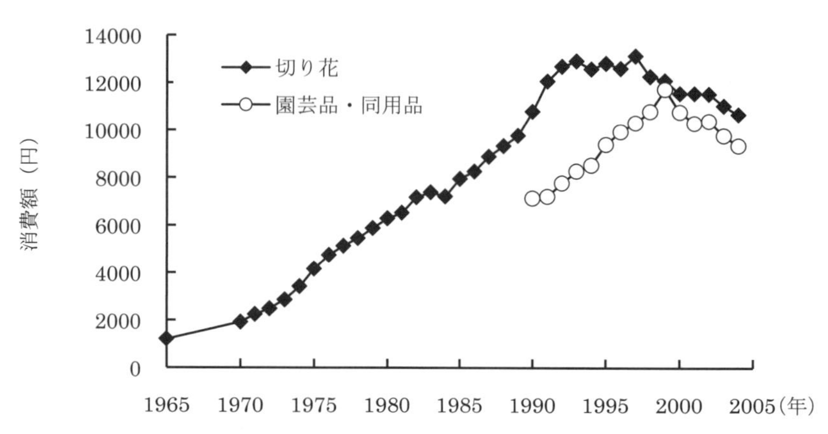

図 1.15　切り花および園芸品・同用品の 1 世帯あたり家計消費支出の推移
（農林漁家を除く二人以上の世帯，家計調査年報より）

伸びていた時期は，ウンシュウミカンの増産期であった．都市世帯における年間の購入数量をみても，1973年の54.6kgまで増加していたが，その後は漸減傾向が続いている（**図1.13**）．支出金額は1990年まで増加しているが，購入数量は減少しており，単価の上昇していることがわかる．消費が最も多い果実はウンシュウミカンであり，近年，ミカンの消費の減少が目立つ．次いで消費が多いのはリンゴ，その次が輸入果実であるバナナである．国内産の生鮮果実の消費が次第に低下し，輸入果実，特にジュースなどの飲料品の割合が増えている．30歳代以下の若年層で，この傾向が高いといわれている．果実の消費量が減少する傾向の中で，熱帯果実も含め，高品質，多品目，周年供給を求める傾向が強まり，果実の消費は質的にも変化し，多様化してきている．

野菜の国内消費仕向量は1960年代に急速に伸び，1970年の132kgをピークに，その後はほぼ一定から漸減の状態が続いている．都市世帯の購入数量をみても，1985年まで65kg前後で，その後は減少している（**図1.14**）．支出金額では，増加が続いているが，果実と同様に単価の上昇によるものである．煮物や漬け物から生野菜の消費が特に若年・中年層で増えるなど消費方法の変化とともに，消費の場所も大きく変化している．家庭内で消費される量は全消費量の半分以下となり，外食産業や中食（なかしょく）産業，ジュースや菓子の原料などの加工産業での消費が増加している．近年，地産地消の高まりを受け，地域の特産品として伝統野菜（地方野菜）が注目されており，行政や企業，生産者，市民が参画して，地域が一体となって，種の保存と活用に力を入れる取り組みが活発になっている。

地産地消
地域で生産された農産物を地域で消費すること．

伝統野菜
各地の生産者のもとで自家採種され，その土地の気候風土に根づいた味や形といった形質が固定化し，各地で多種多様な固定種（在来種）が栽培されてきた．たとえば，「賀茂なす」，「聖護院だいこん」，「九条ねぎ」などが有名である．

花卉では，切り花の1世帯あたりの年平均支出額でみると，1965年にはわずか1,200円であったが，1975年には4,000円，1980年には6,000円を超え，1985年には8,000円弱と伸び続けてきた（**図1.15**）．その後「花博」の影響も受けて，1993年までは毎年数%の増加を示してきたが，それ以降は停滞し，近年は減少に転じている．1990年以降，調査の対象となった園芸品・同用品の消費はガーデニングブームを反映して，着実に増加し続けていたが，2000年以降は漸減している．切り花，園芸品・同用品ともに，消費額は高年齢層ほど高い． ［今西英雄・小池安比古］

文　献

1) Vavilov, N. L. (1935)：*Botanical-geographic principles of selection*, United Publ. House of the F. S. R.
2) 樋口春三（2000）：日本学術会議シンポジウム「園芸の果たすべき役割―人にとって園芸とは」，p.1-4.
3) 農林水産省：生産農業所得統計.
4) 農林水産省：食料需給表.
5) 農林水産省：果樹生産出荷統計.

6）農林水産省：野菜生産出荷統計.
7）農林水産省：農林水産物輸出入統計
8）一般財団法人日本花普及センター：フラワーデータブック.
9）財務省：貿易統計.
10）総務省統計局：家計調査年報.

種類と分類

〔キーワード〕 自然分類，植物学的分類，生態学的分類，人為分類，属，種，栽培品種，三名法，果樹の人為分類，食用部位による野菜の分類，花卉の人為分類

植物分類学の基本単位である種（species）の数でみると，『園芸学用語集・作物名編』（2005年）には，果樹261種，野菜321種，花卉992種が取り上げられている．実際にはもっと多くの種が栽培されており，さらに品種数になると膨大な数にのぼる．このため，似たものを集めて，これらをどのように分類するかが大きな課題となる．

園芸作物の分類としては，植物分類学の観点から自然分類（natural or botanical classification），生育適温などを考慮して栽培するうえで有用な知見が得られる生態学的分類（ecological classification），利用する立場から便利なように類別する人為分類（artificial or horticultural classification）がある．植物分類学による自然分類では多様な園芸作物の特性を的確に表しにくいこともあって，実用的な分類が一般に行われている．なお，新聞などでは「ほうれんそう」や「レタス」のような表記がされるが，生物全般の分類にしたがって，すべての園芸作物はカタカナで表記される．

2.1　植物学的分類

植物の進化論をふまえて系統的に植物を分類するものであり，歴史的には，スウェーデンの植物学者リンネ（Linne）が1753年に「植物の種」を出版し，雌雄ずいの数や形を分類の基本として初めて植物の分類を体系化し，命名法をつくった．19世紀後半以降，進化論をふまえた体系が発表されている．

a.　分類群の階級

植物分類学の基本単位は種である．2つの個体群を比べたとき，形態学的に違っており，不連続であって，両者を区別することができる場合に，それぞれを種とすることができる．たとえばユリの仲間には，テッポウユリ，ササユリ，ヤマユリなどがあるが，花の形や咲く方向，あるいは葉の形などが違っていて識別できるので，種として区別される．これらユリの仲間はまとめられ，ユリ（*Lilium*）属とされ，テッポウユリは *Lilium longiflorum*，ササユリは *L. japonicum*（*L.* は *Lilium* の略），ヤマユリは *L. auratum* と種の名前，種小名（しゅしょうめい）を付けて，それぞれ区別される．属（genus）は類似性をもつ種の集まりであり，形態的に最も把握しやすい分類群である．チューリップやカタクリはユリの仲間とかなり違っているようであるが，花の形，雄・雌ずいの数，生活史のうえでは似ているところが多い．そこで，チューリップは *Tulipa* 属，カタクリは *Erythronium* 属とされ，これらの属をまとめて，属よりさらに上のクラスの分類群にまとめてユリ科（Liliaceae）とする．科（family）は類縁関係のある属の集まりであるが，属ほどの類似性はない．しかし，サボテン科（Cactaceae），ラン科（Orchidaceae）のように，形態や生態的な特性を理解しやすいものもある．このようにして，種，属，科という分類群ができあがっていき，その上に目，綱，最も上位の門という階級ができる．

一方，種よりも小さな分類単位がいくつかある．亜種（subspecies）は種よりも小さく，重要でない形態的変異や地理的・生態的変異に，変種（variety）はさらに小さな地理的・生態的変異に対し用いる．品種（form）は個体に現れる花色や葉の斑（ふ）入りなど，自然に現れるささいな変異に適用しており，八重花に f. *plena*，白花に f. *alba* などが付けられる．

b. 学名による命名

人それぞれに名前があるように，植物にも種ごとに名前が付いている．先にあげたテッポウユリ，ササユリ，ヤマユリは和名である．わが国では，標準となる名前を決めて学術書などに採用しており，これらは標準和名，または単に和名といわれる．しかし，和名は日本人のみに通用するもので，外国人には通じない．世界共通の名前として採用されているのが学名であり，テッポウユリは *Lilium longiflorum* と属名＋種小名で表される．なお，植物分類学上の属名，種小名，変種名，品種名はイタリック体で表記する約束になっている．

園芸作物は品種数がきわめて多いのが特色であると先に書いたが，ここでいう品種は植物分類学上の品種（form）とは異なり，栽培品種（cultivar）をさす．ササユリには品種がないが，テッポウユリにはいくつかの品種があり，‘ヒノモト’は有名である．品種ヒノモトは，国際栽培植物命名規約にしたがい，属名＋種小名（種の形容語）＋栽培品種名の３つを連記し，種の命名者を種小名と品種名の間に付記するかたちの三名法（三命名法）で，次のように表記される．

Lilium	*longiflorum*	Thunb.	‘Hinomoto’
属名	種小名	命名者	栽培品種名

命名者の Thunb.（ツンベルグの略）は省いてよい．栽培品種の名前はイタリック体の表記ではなく，大文字で始める．

栽培品種名
国際栽培植物命名規約の 2004 年出版の第７版（日本語版あり）では，‘ ’（シングルコーテーション）で囲むことと規定され，以前の規約で認められていた cv. Hinomoto という表記は現在では認められない．

c. 植物学的分類の特徴と問題点

植物学的分類で用いられる学名は世界共通語であり，１つの種に対して１

つだけしかなく，その植物が何であるかを理解しやすい．ただ読み方（発音）が問題であり，たとえば，カエデ属の *Acer* はアーセル，アーサー，アセル，エーサーなどさまざまに読まれる．書いて初めて理解されることが多い．また形態的な特徴をもとにして植物が分類されているため，植物の検索に役立つことが多い．さらに種類の多い花卉などの類縁関係が理解しやすい．しかし，植物の性質を表さないので，栽培には役立たないことがある．このため，園芸作物を園芸上の形質や性状，すなわち形態や生育習性によって分ける実用的な分類によって分ける必要性が生じてくる．

［今西英雄・小池安比古］

2.2　果樹の分類

果樹とは，食用（加工も含む）になる果実をつける永年性の樹木で，一部の果実をつける多年生草本植物も含まれる．現在，熱帯から亜熱帯，温帯，寒帯にかけて栽培・利用されている果樹は 134 科，659 属，2,900 種以上におよび，品種にいたっては膨大な数になっている．わが国では亜熱帯から温帯までの果樹を中心として，110 種以上が栽培・利用されている．

果樹の人為分類は園芸上の便宜，そして植物分類上の立場も考慮されたもので，果樹の特性，分布，栽培上の特徴などから分けられている．栽培地帯により温帯果樹，亜熱帯果樹，熱帯果樹に分けられ，生態によっても落葉果樹（deciduous fruit tree）と常緑果樹（evergreen fruit tree）に二大別される（**表 2.1**）．温帯果樹は冬の寒さに対応するため落葉性であり，亜熱帯果

表 2.1　おもな果樹の人為分類（岩政，1978 を一部改変）

温帯果樹（落葉性）	
高木性果樹	
仁果類：	リンゴ，ナシ，マルメロ，カリン
核果類：	モモ，オウトウ，ウメ，スモモ，アンズ
堅果類：	クリ，クルミ，ペカン，アーモンド
その他：	カキ，イチジク，ザクロ，ナツメ
低木性果樹	
スグリ類：	スグリ，フサスグリ
キイチゴ類：	ラズベリー，ブラックベリー，デューベリー
コケモモ類：	ブルーベリー，クランベリー
その他：	ユスラウメ，グミ，カラタチ
つる性果樹	
	ブドウ，キウイフルーツ，アケビ
亜熱帯果樹（常緑性）	
	カンキツ，ビワ，オリーブ，ヤマモモ
熱帯果樹（常緑性）	
	マンゴー，マンゴスチン，グアバ，ゴレンシ，アボカド，ドリアン，ナツメヤシ，ココヤシ，カシューナッツ，マカダミア，バナナ，パイナップル，パパイア，パッションフルーツ

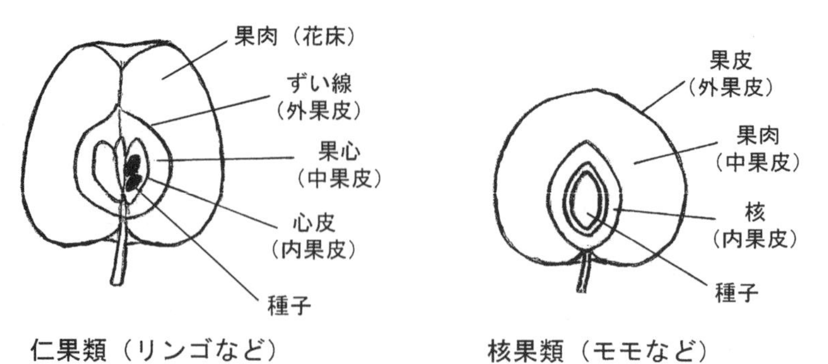

仁果類（リンゴなど）　　核果類（モモなど）

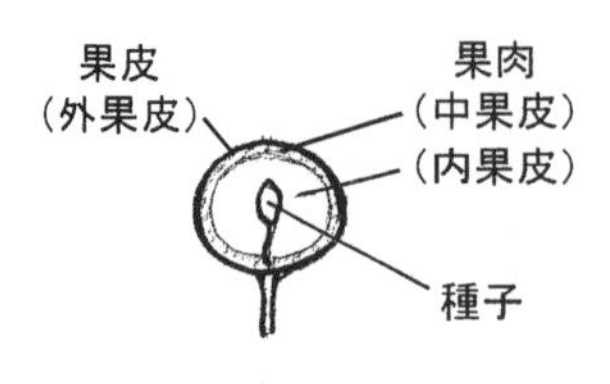

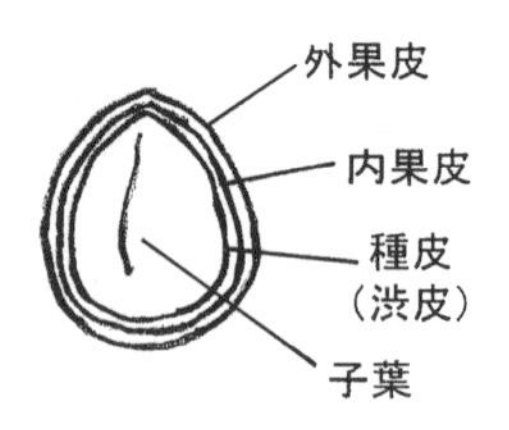

液果類（ブドウなど）　　堅果類（クリなど）

図 2.1　可食部に発達する組織・器官による果樹の分類

樹・熱帯果樹は 1 年中高い気温のもとにあるので常緑性である．

樹の大きさや特性からは高木性，低木性，つる性果樹に分けられる．そして，食用となる部分（可食部）が花のどの組織・器官から発達してできてきたかにより，仁果類（pome fruit），核果類（stone fruit），液果類（berry），堅果類（nut）などに分けられている（**図 2.1**）．また，子房の位置や果実の成り立ちから，真果と偽果に分けられる．真果は子房上位または子房中位の花から子房壁が発達してできた果実で，偽果は子房下位の花から子房壁以外の組織が発達した果実である（第 3 章参照）．

① 仁果類：　花床（花托）の皮層が果肉に発達したもので，その内側に子房壁に由来する果皮がある．可食部の大部分は花床で，バラ科のリンゴ，ナシ，カリンなどが含まれる．

② 核果類：　中果皮が果肉に発達したもので，外果皮は表層の外皮に内果皮は硬化して核になる．核の中に種子があり，果実は真果である．バラ科サクラ属に属するモモ，オウトウ，スモモなどが含まれる．

③ 液果類：　外果皮は薄く，中・内果皮は多肉で水分が多く，成熟しても裂開しない．ブドウ，カキ，キウイフルーツなどが含まれる．

④ 堅果類：　食用にしている部分は種子で，それを包む果皮が硬化している．クリ，クルミ，アーモンドなどが含まれる．

⑤ 温帯果樹：　温帯地域で栽培されている落葉性の果樹で，冬の寒さに対応した落葉や芽の休眠がみられる．リンゴ，ナシ，モモ，ウメ，ブドウなど日本で栽培されている多くのものが温帯果樹である．

⑥ 亜熱帯果樹： 亜熱帯から温帯にかけて栽培されている常緑性の果樹である．カンキツ類，ビワ，ヤマモモ，オリーブなどが含まれる．カンキツ類は液果で，可食部の砂じょうは内果皮が発達したものである．

⑦ 熱帯果樹： 熱帯地域を原産地とするもので，多くの種類があり樹木だけでなく，つる性植物や多年生の草本植物も含まれ常緑性である．木本性のマンゴー，アボカド，つる性のパッションフルーツ，草本性のバナナ，パイナップル，パパイアなどがある． ［河合義隆］

2.3 野菜の分類

野菜の種類は非常に多く，世界的には850種類以上の野菜が知られている．日本では約150種類の野菜が出回っており，アブラナ科，ウリ科，キク科，マメ科，セリ科，ユリ科，ナス科に属する種（species）が多いのが特徴である．ハクサイとカブ，あるいはトウガラシとピーマンのように，分類学上1つの種であっても野菜の種類としては別種とされるものや，逆にカボチャのように複数の種が同じ野菜として扱われているものもあるため，野菜の種数と種類数は厳密には一致しない．また，種類としては同じとされる野菜であっても，サヤエンドウとミエンドウ（グリーンピース）あるいはダイコンとカイワレダイコンのように，利用部位の違いにより，流通・消費のうえで別品目とされるものもある．

このように野菜は植物としての側面と商品としての側面をもち，また属する科や利用部位も多岐にわたることから体系的に整理することは難しいが，目的に応じての分類が試みられている．生産・利用の場面では，利用部位ごとの分類が広く用いられ，地上部の葉・茎を利用する葉茎菜類（leaf and stem vegetables），地下部の肥大根・塊根・地下茎を利用する根菜類（root vegetables），果実を利用する果菜類（fruit vegetables）の大きく3つに分けられる．これに植物学的分類を加味してさらに細分化した熊沢（1956）の分類が，園芸的分類として活用されている．斎藤（2008）によって一部改変されたものを**表2.2**に示す．この分類で果菜類は，ナス科，ウリ科，マメ科にそれぞれ属するナス類，ウリ類，マメ類と，それ以外の果菜であるイチゴ・雑果類の4群に分けられる．葉茎菜類は，アブラナ科である菜(な)類，おもに生食される生菜類，おもに加熱調理される柔菜類，香り付け等で使われる香辛菜類，ネギ・ユリ類である鱗茎類の5群に分けられ，根菜類には，おもに主根が肥大する直根類，いわゆるイモや肥大地下茎を利用する塊茎・塊根類の2群が属する．以上の11群に加えて，ゼンマイなどのシダ類，きのこなどの菌類を加えた計13群にすべての野菜が分類できる．

野菜は上記の園芸的分類の他，温度適応性による分類（**表2.3**）あるいは花芽形成要因による分類（6章表6.3参照）などの生態的分類も活用されている．これらの分類は野菜の原産地の気候条件等を反映するものであり，栽

果実的野菜
イチゴ，メロン，スイカは副食というより一般にデザート・甘味として利用されるため，流通・消費側の観点からは果物(フルーツ)に分類されるが，草本性植物であることから日本の園芸学においては野菜として取り扱われる．また，農林水産省の野菜生産出荷統計では果実的野菜として分類されている．

表 2.2　日本における野菜の園芸的分類（熊沢，1956；一部斎藤，2008 改変）

果菜類	1. ナス類 solanaceous fruits	**トマト**，**ナス**，**ピーマン**，トウガラシなど
	2. ウリ類 cucurbits	**キュウリ**，メロン，スイカ，セイヨウカボチャなど
	3. イチゴ・雑果類 strawberry and miscellaneous fruits	イチゴ，スイートコーン，オクラなど
	4. マメ類 pulse crops	エンドウ，ソラマメ，インゲンマメ，エダマメなど
葉茎菜類	5. 菜類 cole crops	**ハクサイ**，**キャベツ**，カリフラワー，ツケナ類など
	6. 生菜類 salads	**レタス**，セルリー，ウド，ミョウガなど
	7. 柔菜類 potherbs	**ホウレンソウ**，シュンギク，アスパラガス，タケノコなど
	8. 香辛菜類 condiments	ワサビ，ニンニク，ショウガ，バジルなど
	9. 鱗茎類（ネギ・ユリ類） bulb crops	**タマネギ**，**ネギ**，ニンニク，コオニユリなど
根菜類	10. 直根類 root crops	**ダイコン**，**ニンジン**，カブ，ゴボウなど
	11. 塊茎・塊根類 tuber crops	**ジャガイモ**，**サトイモ**，サツマイモ，レンコンなど
12. シダ類　ferns		ゼンマイ，ワラビなど
13. 菌類　mushrooms		シイタケ，マツタケ，マッシュルームなど

太字は野菜生産出荷安定法で定められた指定野菜 14 品目

表 2.3　野菜の温度適応性（熊沢，1953 を抜粋・編集）

低温性　（適温 10 ～ 18℃）			高温性　（適温 18 ～ 26℃）	
耐寒性強い	耐寒性弱い		耐暑性弱い	耐暑性強い
イチゴ，エンドウ，ソラマメ		果菜	**トマト**，**キュウリ**，スイカ，カボチャ，スイートコーン，インゲンマメ	**ナス**，**ピーマン**，トウガラシ，オクラ，エダマメ
キャベツ，**ハクサイ**，**ホウレンソウ**，**ネギ**，**タマネギ**，ラッキョウ	カリフラワー，レタス，セルリー，ウド，ミツバ，シュンギク，アスパラガス，ニンニク	葉茎菜		タケノコ，シソ，ミョウガ，ニラ
ダイコン，カブ	**ジャガイモ**，**ニンジン**	根菜	ゴボウ	**サトイモ**，サツマイモ，ヤマイモ

太字は野菜生産出荷安定法で定められた指定野菜 14 品目

培上の有用な情報となる． ［峯 洋子］

2.4 花卉の分類

花卉の園芸的分類では，生育習性，形態的特性から基本的には，一・二年草（annuals and biennials），宿根草（しゅっこんそう）（perennials），球根類（bulbs and tubers），花木（ornamental trees and shrubs）の4つに分類される．これに高温を好むという特性を加えると温室植物（indoor plants）というまとめ方が加わる．これらは熱帯，亜熱帯原産の植物で，冬期間施設栽培を必要とする非耐寒性の植物である．一・二年草や宿根草，球根，花木の中で，温室での栽培を必要とするものがこの中に分類されることになる．この中では，観葉植物（foliage plants），ラン類（orchids），サボテンと多肉植物（cacti and succulent plants）は別にまとめて取り上げられるため，温室で栽培され，花が観賞対象となるそれ以外の植物を温室花物（おんしつはなもの）（indoor flowering potted plants）と呼んでまとめることにする（**表2.4**）．

① 一・二年草： 種子を播いて1年以内に開花，結実して一生を終える植物を一年草という．二年草は播種後1年以上（満1年＝12ヶ月以上）かかって開花，結実して枯死する植物である．いずれも種子で増殖される．

①-a 春播き一年草（summer annuals）： 春～夏に成長して，夏～秋に開花し，冬に枯死する．非耐寒性で，熱帯，亜熱帯，あるいは熱帯高地原産のものが多い．

①-b 秋播き一年草（winter annuals）： 秋～冬に成長して，春～初夏に開花するもので，耐寒性，半耐寒性の種類が多い．温帯，特に地中

耐寒性，半耐寒性
耐寒性は日本の中央部における栽培を標準として判断しており，半耐寒性とは霜よけの覆い程度で冬の寒さに耐えられる場合をさす．

表2.4 花卉の園芸的（人為）分類

分 類		種 類
一年草	春播き	コスモス，ヒマワリ，ペチュニア，マリーゴールド
	秋播き	スイートピー，トルコギキョウ，スターチス
二年草		フウリンソウ，ジギタリス
宿根草		キク，カーネーション，ガーベラ，リンドウ，シュッコンカスミソウ，ハナショウブ，シャクヤク
球根類		チューリップ，ユリ，グラジオラス，フリージア，シクラメン，カンナ，ダリア
花 木		バラ，アジサイ，ツバキ，ハナモモ，ツツジ類，ユキヤナギ，ボタン
観葉植物		フィカス類，ドラセナ類，ヤシ類，アナナス類
ラ ン		カトレヤ，シンビジウム，ファレノプシス，デンドロビウム，オンシジウム
サボテン・多肉植物		ウチワサボテン，シャコバサボテン，アロエ
温室花物		プリムラ類，エラチオールベゴニア，セントポーリア，アザレア，ポインセチア

海気候地域原産のものが多い．

①-c　二年草（biennials）：　秋に播種すると翌年の春〜夏には開花せず，翌々年の春〜夏に開花する種類である．秋播き一年草のうち，株が大きくならないと開花しない種類になる．

② 宿根草：　開花，結実しても一・二年草のように枯死せず，植物体の全体あるいは一部が毎年残り，長年にわたって生育，開花を繰り返す多年生の草本植物である．株分けや挿(さ)し芽などによって増殖される．

③ 球根類：　宿根草の特殊な形態であり，乾燥，低温などの不良環境に耐えるため，地下または地際の器官に養分を蓄えて肥大したものをいう．葉が肥大した鱗茎，茎の部分が肥大しているが，球形・卵形に肥大し薄い外皮が全体を包む球茎，塊状で薄い皮に包まれない塊茎，横にはう形の根茎，根が肥大した塊根に分類される．

④ 花木：　花，葉，実，枝などを観賞する木本植物であり，茎は木化し，落葉あるいは一部の茎が枯れる程度で残る．

⑤ 観葉植物：　茎葉が観賞の対象となる，熱帯から亜熱帯に分布する草本および木本性の温室植物である．日陰でも生育できる耐陰性のものが多い．

⑥ ラン類：　ラン科の植物は宿根草であるが，約750属，20,000種を超し，膨大であることからラン類としてまとめて取り扱っている．

⑦ サボテンと多肉植物：　サボテン科も多肉植物に属すが，種の数が多いので「サボテンとその他の多肉植物」として古くからまとめて取り扱われている．サボテン科には，約233属，3,000を超す種があり，南北両アメリカ大陸とその周辺の島々に自生する．多肉植物には，50数科，約10,000種が含まれ，肥厚した葉，茎あるいは根の貯水組織に多量の水を蓄え，乾燥地や寒冷地におもに生育している．

⑧ 温室花物：　温室で栽培されるが，観葉植物，ラン科，サボテン科，多肉植物に入らない，草本・木本のすべての植物が含まれ，花が観賞対象となる鉢物が主体となる．

このほか，特殊な生態，形態をもつものとして，地被植物（グランドカバープランツ），水生植物，食虫植物，高山植物，山野草，つる性植物といった分け方，あるいは類縁関係を重視してヤシ類，シダ類，シバなどの区分けもされる．

［今西英雄・小池安比古］

文　献

1）今西英雄（2000）：花卉園芸学，p.37−66，川島書店．
2）岩政正男（1978）：果樹園芸学，p.43−44，朝倉書店．
3）熊沢三郎（1956）：綜合蔬菜園芸各論，養賢堂．
4）斎藤隆（2008）：野菜の生理・生態―発育の基本と環境・肥培管理による影響―，農山漁村文化協会．
5）熊沢三郎（1953）：綜合蔬菜園芸総論，p.69，養賢堂．

3 形　態

〔キーワード〕 栄養器官の形態，芽，茎，葉，根，球根類，生殖器官の形態，花，果実，種子

3.1 栄養器官

植物の体は芽，茎，葉，根などからできており，成長すると生殖器官である花をつける（**図3.1**）．植物の種類によっては球根をつくるものがある．ここでは栄養器官である芽，茎，葉，根，球根についてみていく．芽には，萌芽して花をつける花芽があり生殖器官に属するが，ここで紹介する．

a. 芽

芽は苗条（びょうじょう）（shoot）の未発育の状態をいい，茎の成長点や葉原基などの器官が含まれる．茎の先端についた芽を頂芽（ちょうが）（apical or terminal bud），茎の側部につく芽を側芽（lateral bud）と呼び，顕花植物では一般に側芽は葉腋につくので腋芽（えきが）（axillary bud）ともいう．腋芽は一般に各葉腋に1つずつつくが，中には2つ以上つく場合があり，この場合，将来発達する最も大きな芽を主芽，それ以外の芽を副芽と呼ぶ．頂芽または側芽は，本来発生すべき位置から出ているので定芽といい，葉，根あるいは茎の節間などから生じ

苗条
茎と葉の総称．シュート，葉条，芽条ともいう．

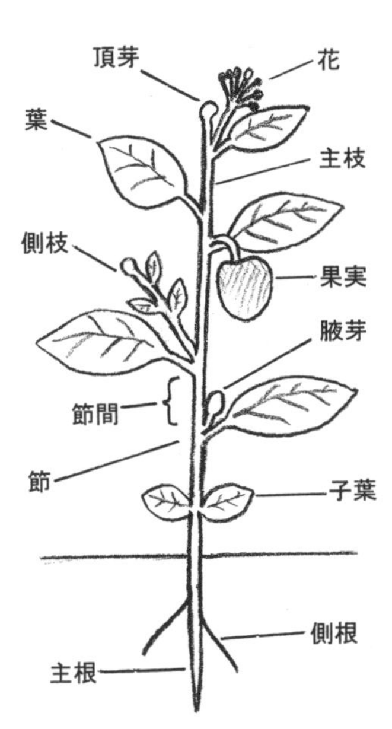

図3.1　植物の基本的器官の概略図

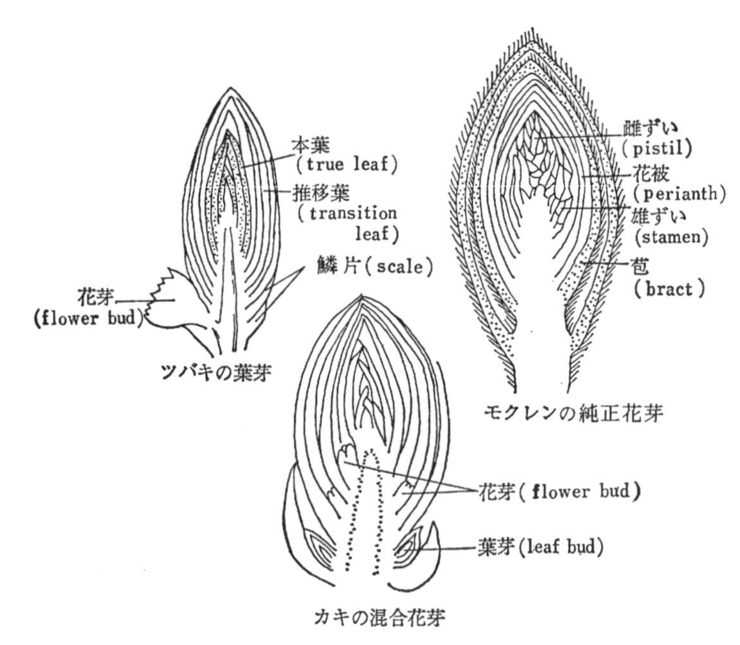

図 3.2　各種冬芽の縦断図（大阪府立大学農学部園芸学教室，1981）

る芽を不定芽という．

多年生植物において，夏から秋にできる芽は休眠して冬を越すものが多く，このような芽を木本植物では冬芽(ふゆめ)といい，固い鱗片に包まれているものが多い．冬芽には葉芽(ようが)と花芽(かが)の２つのタイプがあり，葉芽は萌芽後シュートのみを形成するもので，花芽は萌芽後花を形成するが花のみを形成する純正花芽と花とシュートの両方を形成する混合花芽に分けられる（**図 3.2**）．葉芽と花芽は，成熟すると形態に違いが見られるので外観で判別ができる．葉芽は花芽に比べ相対的に小さく，花芽は膨らんで丸みを帯びた形になる．果樹では，芽の外観や着生位置などから花芽のついている状況を判断して，栽培に利用している．

b.　茎

(1)　茎の外部形態

茎は一般に軸状構造をとり，側部に葉および生殖器官をつけて地上部の体制をつくっている．茎の働きとして，地上部の葉や花の支持や養水分の通路の役割などがあげられる．内部には根とつながる通導組織をもっている．茎には地下部をはうものがあり，地下茎（subterranean stem）と呼んで地上に立つ茎（地上茎：terrestrial stem）と区別している．

茎には，主軸のみで分枝しないもの（チューリップなど），中空のもの（タケ類，キツネノボタン）があり，形では円柱状（ホウセンカ，キク，チューリップ），四角柱（シソ，ヤエムグラ，エゴマ，シロネ），三角柱（カサスゲ，カヤツリグサ）などがある．茎の色では白色，緑色，赤色，紫色，褐色，紫黒色などがあり，茎の表面に毛をもつもの（トマト，ハハコグサ，ヒョウタン）やとげをもつもの（バラ，カラタチ）がある．茎の質では草本性の茎は一般に柔らかいが，木本性の茎は木質化（リグニン化）して硬くなっている．そのほかつる性の茎があり，このなかには茎で巻きつくアサガオ，フジ，付着根をもつキヅタ，巻きひげをもつブドウ，キュウリなどがある．

多年生の植物では形成された葉と果実が離層を形成して離脱する．離脱した跡にその形跡が茎にみられるが，それぞれを葉痕と果痕と呼んでいる．また，木本性の植物の中には，樹皮の表面に気孔の代役を行う組織を形成するものがあり，そのような植物の茎の表面には皮目（lenticel）と呼ばれる小さな割れ目がみられる．

皮目
樹木の幹や枝，根のコルク組織形成後に気孔に代わって空気の出入り口として新たに作られる組織．

(2)　茎の内部形態

茎は内部構造の相違から，双子葉茎と単子葉茎の２つに大別される（**図3.3**）．

双子葉茎の構造は，外側から表皮（epidermis），皮層（cortex），中心柱（central cylinder or stele）からなっている．皮層の最内層に細胞壁が肥厚して内皮（endodermis）ができるが，種子植物の茎でみられるのはまれである．また，内皮の内側の１～数層の柔組織を内鞘（pericycle）というが，これも茎ではあまりみられない．中心柱は内皮より内側の基本組織（fundamental tissue）と維管束（vascular bundle）をまとめて１つの構造とみたもので，維管束の構造や配列により原生中心柱，管状中心柱，真正中心柱，不整中心柱，放射中心柱に分類されている．双子葉茎では真正中心柱が多く，並立維管束が１つの環をなしている．単子葉茎は不整中心柱で，多数の維管束が不規則に散在している．維管束の外側の内皮が退化しているので，基本組織の皮層と髄は区別できない．維管束は木部（xylem）と師部（phloem）からなり，木部は道管，仮道管，木部柔組織，木部繊維からなる複合組織で，師部は師管，伴細胞，師部柔組織，師部繊維からなる複合組織である．

茎頂の頂端分裂組織（apical meristem）に由来する成熟組織を一次組織，その活動を一次成長といい，この一次組織内の分裂能力をもった細胞がその

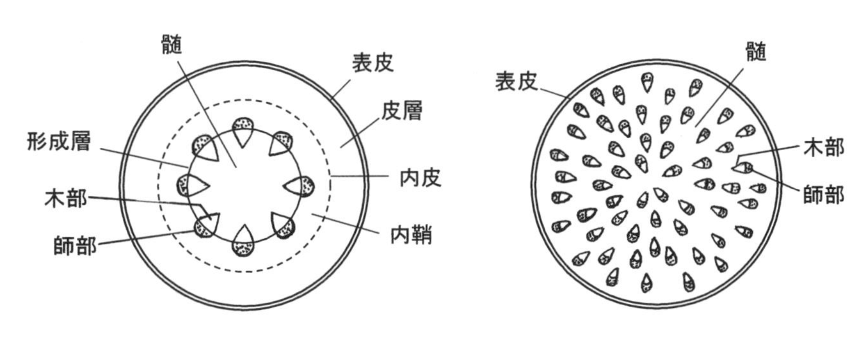

図3.3　茎の横断面の模式図

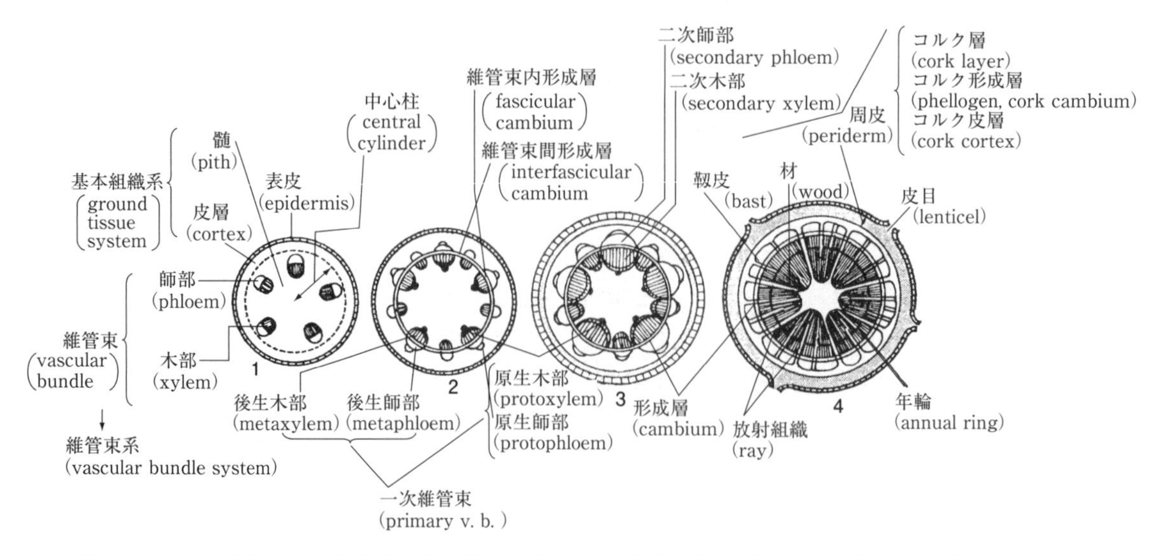

図 3.4　双子葉植物および裸子植物の茎の肥大生長過程を示す模式図（大阪府立大学農学部園芸学教室，1981）
一年草の茎は 2 または 3 の段階で枯死，多年性草本および木本の茎は 4 の段階へ進む．

開放維管束と閉鎖維管束
維管束に形成層があるものを開放維管束，ないものを閉鎖維管束という．

能力を回復し，分裂を開始してできた組織を二次組織，その活動を二次成長という．単子葉植物は閉鎖維管束であるので二次成長はしないが，双子葉植物や裸子植物は開放維管束であるので二次成長をする（**図 3.4**）．

c. 葉

(1)　葉の外部形態

葉は茎の節についている光合成などを行う重要な器官で，基本的には葉身（blade），葉柄（petiole or leaf stalk），托葉（たくよう）（stipule）からなるが，単子葉植物では葉の基部が葉鞘（ようしょう）（leaf sheath）となって茎を取り巻いているものが多い（**図 3.5**）．葉身は普通扁平で，その形から羽状葉（うじょうよう），掌状葉（しょうじょうよう），楯（たて）状葉，扇（おうぎ）状葉の 4 つの型に分けられる（**図 3.6**）．葉辺には，切れ込みのない全縁から切れ込みの深さなどにより鋸歯（きょし），歯牙（しが），波形などいろいろな形のものがみられる．

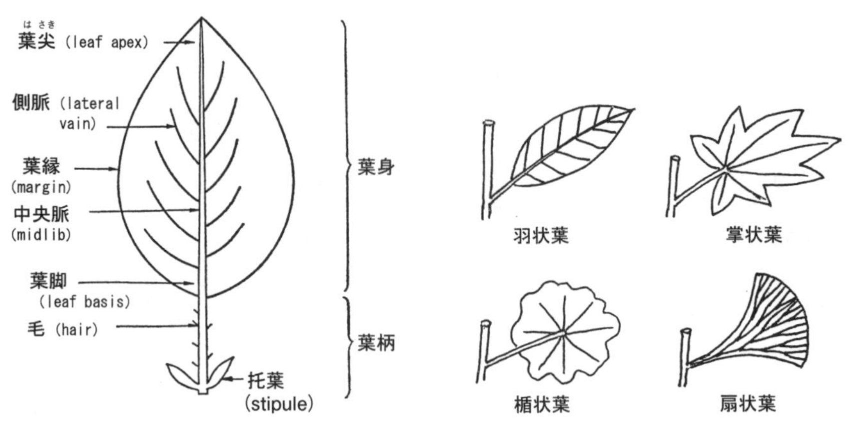

図 3.5　葉の基本的な形態　　　**図 3.6**　葉身の形

葉身には葉柄から維管束が入り込んで葉脈になっている．葉脈には網状脈（reticulate venation），平行脈（parallel venation），遊離脈（free venation）の３種がある．網状脈は双子葉植物のほとんどでみられ，中央脈から側脈に分かれさらに細かい脈が網の目のように広がっている．平行脈は脈が平行に走っており，大部分の単子葉植物でみられる．遊離脈は脈の先端が離れて連絡のない葉脈でイチョウなどの葉にみられる．葉身が単一の場合を単葉（simple leaf）といい，複数の小葉（leaflet）からなるものを複葉（compound leaf）という．複葉は小葉の配列により羽状複葉，掌状複葉，鳥足状複葉などに分けられる．

ダイコンの葉は複葉？
先の半分に切れ込みの入った葉身と基部に多数の小葉がつくダイコンの根出葉（下図 a）や，葉柄に翼がついているカンキツ類の葉（同 b）は，一見単葉のように見えるが複葉で，単身複葉と呼ぶことがある．

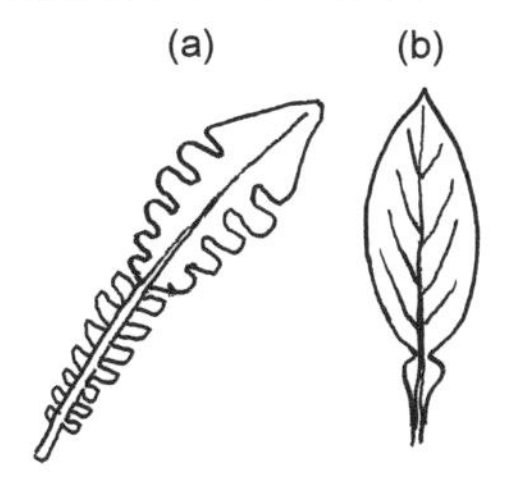

葉が茎の上に配列する様式を葉序（phyllotaxis）といい，外的条件では容易に変化しない種特異的な性質である．葉序は１つの節につく葉の枚数に基づいて互生，対生，輪生の３つに分けられる．互生は１節に１枚の葉がつく葉序で，最も普通にみられる．植物を上からみたとき２枚の葉の間の角度を開度といい，その角度を360°で割った値で葉序を示す．この値を使って互生の葉序をみると 1/2，1/3，2/5，3/8，5/13，8/21，13/34 で表されるものが多い．葉序 2/5 とは開度 144° ということと同時に，１枚の葉から順に葉をたどっていくと茎を２周して５枚目の葉がもとの葉に重なるということを表している．対生は１節に２枚の葉が，輪生は３枚以上の葉がついている葉序をいう．

対生葉序

互生葉序

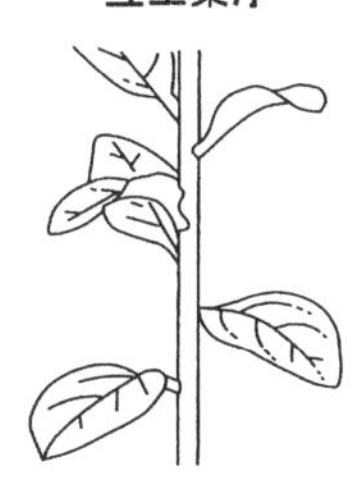

輪生葉序

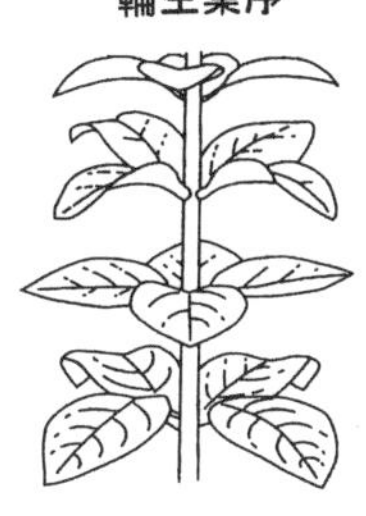

(2)　葉の内部形態

葉の断面をみると，表皮（epidermis），葉肉組織（mesophyll tissue），維管束から構成されている．葉の外側にある表皮には表皮細胞のほかに気孔（stoma）や毛状突起などがみられる．気孔は２個の孔辺細胞間のすきまのことをいい，孔辺細胞に隣接する助細胞を伴う場合がある．気孔は蒸散・ガス交換の役割を担っており，一般に，葉裏に多く存在する．表皮の外側にク

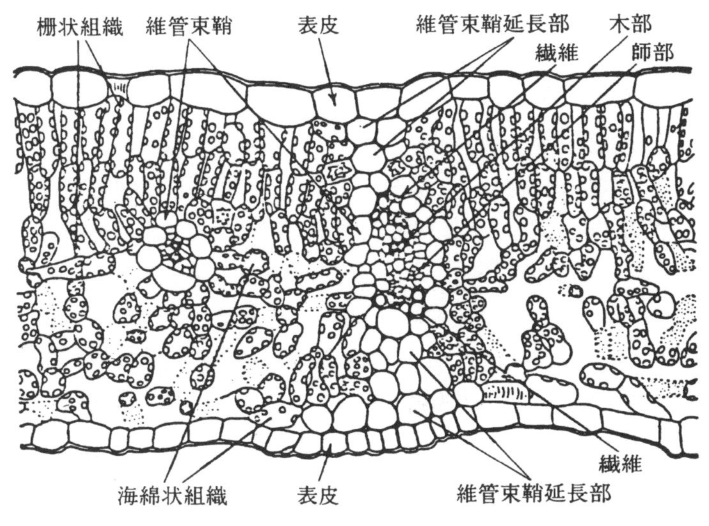

図 3.7　ナシの葉の断面図（Esau，1965）

葉の横断面における気孔

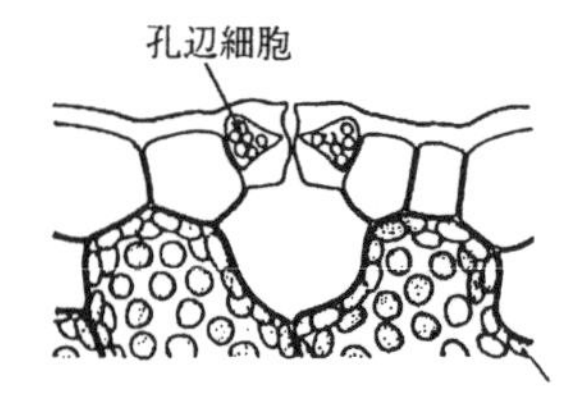

表皮における気孔の形

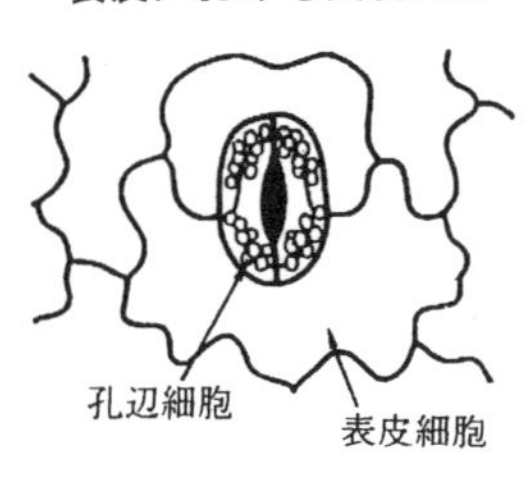

チクラ層があるが，おもな成分はクチンやワックスなどで，水分の蒸散を防ぐ，病原菌の侵入を防ぐなどの役割をしている．葉肉組織は柔細胞からなり，葉緑体を含み，被子植物では一般に柵状組織（palisade tissue）と海綿状組織（spongy tissue）に分かれる．葉の表面側が柵状組織で，葉面に直角な方向に長い形をした細胞が配列している．海綿状組織は裏面側で，細胞の間隙が多く配列は不規則である．通道組織である維管束（葉脈）は葉肉の間に存在し，表裏のはっきりした葉では木部は葉の表面側に，師部は裏面側に位置している（**図 3.7**）．

d. 根

(1) 根の外部形態

根は植物体の支持・固定と養水分の吸収などを行う重要な器官である．

植物がもつすべての根，あるいは１本の根とこれから生じる側根をまとめて根系という．双子葉植物は主根型根系で，胚の幼根から発達した主根（main root or taproot）と側根（lateral root）から構成される．単子葉植物はひげ根型根系で，種子根（seminal root）に加えて茎から発生する多数の不定根（adventitious root；節根 nodal root という）と側根から構成される．不定根は根以外の茎や葉などの器官に由来する根をいい，幼根由来の根を定位根という．主根や節根は伸長にともなって求頂的に（根の先端方向に）側根を順次分岐し，その側根から同じように高次の側根が分岐する．主根型根系，ひげ根型根系のどちらにおいても主根や節根から最初に出た側根を一次側根，一次側根から出た側根を二次側根と呼んでいる．

根の表面には根毛（root hair）がみられるが，これは根の表皮細胞が突起したもので根の種類にかかわらず発生する．根毛は普通，伸長帯より基部側に発生し，まっすぐに伸長し，円筒形をしている．根毛は養水分の吸収に重要な役割を果たしている．

(2) 根の内部形態

根の先端には普通，根冠（root cap）があり，根端分裂組織（root apical meristem）をすっぽり覆って保護している．根端分裂組織の先端側では根の成長に伴って脱落する根冠細胞を補充し，基部側では根の本体の細胞数を増やす．１本の根は根冠から基部側へ分裂帯，伸長帯，成熟帯と連続している．分裂帯は細胞分裂をしている部分であり，伸長帯は細胞伸長している部分であり，成熟帯は組織分化している部分である（**図 3.8**）．

成熟した根は中心から周辺に向かって，中心柱，皮層，表皮の３つの組織から構成されている．中心柱は，皮層の最内層の内皮により取り囲まれており，その内側に１から数層の内鞘があり，その中に木部と師部が放射状に配列している．根の中心柱はすべて放射中心柱である．側根はおもに内鞘から分化する．単子葉植物は根においても形成層がないので二次成長をしないが，双子葉植物や裸子植物では二次成長をして肥大する．

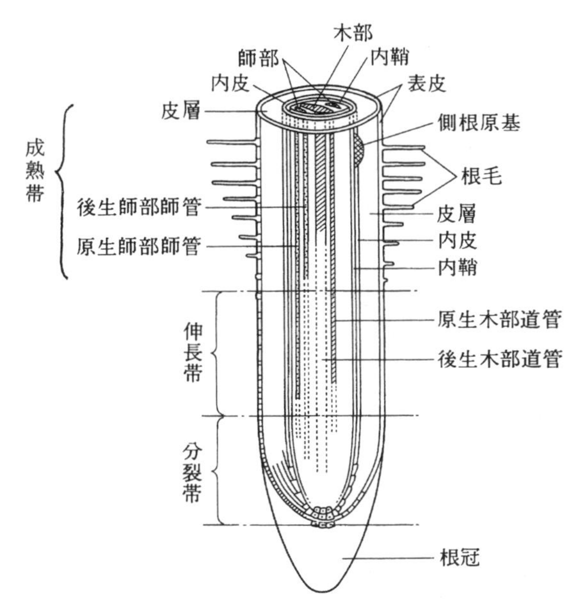

図 3.8 根端近傍における組織形成の模式図（佐藤他，1984 より）
道管および師管の斜線および点は，成熟状態を示す．

e. 球 根 類

植物の根，茎，葉などの一部が肥厚・肥大し，その組織内に多量の養分を貯蔵し，繁殖および次期の生育に備えて球状または塊状に変態したものを球根類と呼んでいる．球根はおもに繁殖に利用されているが中には食用に使われるものがある．園芸分野では，球根類を鱗茎（bulb），球茎（corm），塊茎（tuber），根茎（rhizome），塊根（tuberous root）の 5 種類に分類している（**図 3.9**）．

茎と根の見分け方
球根が茎と根のどちらの変態であるかは，維管束の配列をみることが 1 つの大事なポイントである．たとえば，サツマイモは根の特徴である放射維管束を示し，ジャガイモは茎にみられる複並立維管束で，真正中心柱を示すので，サツマイモは根の変態，ジャガイモは茎の変態として扱われる．

鱗茎は多数の鱗片葉（scale leaf）が短い茎を取り囲んで球形を形成し，地下の貯蔵器官となっているもので，チューリップ，アイリス，スイセン，アマリリス，タマネギ，ユリなどにみられる．鱗茎は外皮のあるなしで有皮鱗茎と無皮鱗茎に分けられ，さらに有皮鱗茎には毎年母球を更新するもの（更新型）と更新しないもの（非更新型）がある．

球茎，塊茎，根茎は茎が変態してできる球根で，球茎は茎が短縮，肥厚して球状または偏球状になり，葉鞘が乾燥した薄皮（外皮）に被われているもので，グラジオラス，フリージア，クロッカス，サトイモ，クワイなどにみられる．塊茎は茎の基部または匍匐枝（ほふくし）の先端が肥大化して球状，塊状になり，外皮に被われていないもので，ジャガイモ，カラー，カラジウム，シクラメン，アネモネなどにみられる．塊茎も母球を更新する更新型と非更新型に分かれる．根茎は水平方向に伸びた地下茎が肥大したもので，カンナ，ジンジャー，ハスなどにみられる．

塊根は根が肥大してデンプンなどの養分を貯蔵しているもので，サツマイモやダリアなどでみられる．ダイコンやニンジンなどは主根または胚軸（茎）を含んだ形で肥大した貯蔵根で，多肉根（succulent root）とも呼ばれてい

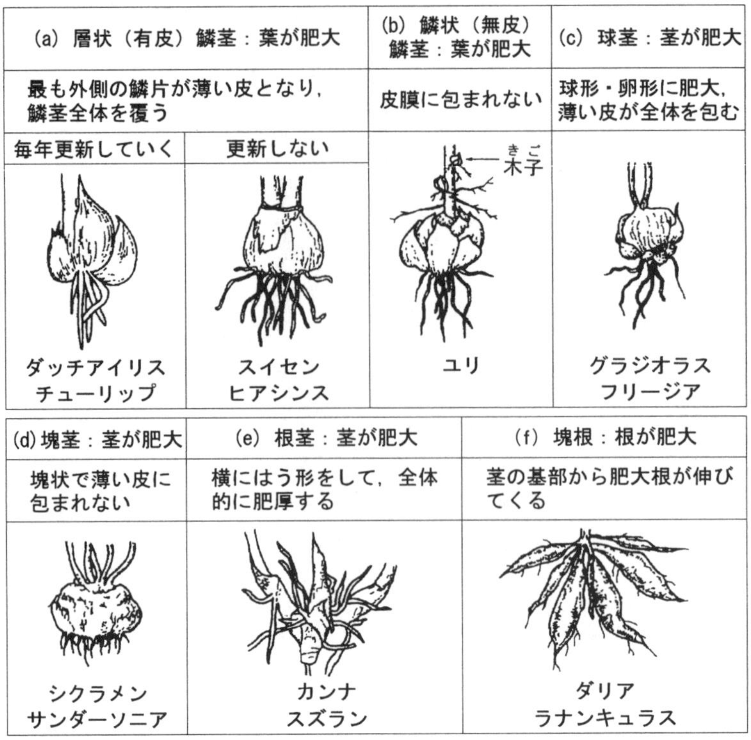

(a) 層状（有皮）鱗茎：葉が肥大		(b) 鱗状（無皮）鱗茎：葉が肥大	(c) 球茎：茎が肥大
最も外側の鱗片が薄い皮となり，鱗茎全体を覆う		皮膜に包まれない	球形・卵形に肥大，薄い皮が全体を包む
毎年更新していく	更新しない	木子	
ダッチアイリス チューリップ	スイセン ヒアシンス	ユリ	グラジオラス フリージア

(d) 塊茎：茎が肥大	(e) 根茎：茎が肥大	(f) 塊根：根が肥大
塊状で薄い皮に包まれない	横にはう形をして，全体的に肥厚する	茎の基部から肥大根が伸びてくる
シクラメン サンダーソニア	カンナ スズラン	ダリア ラナンキュラス

図 3.9 球根の分類と形態（今西，2005 より）

る．また，ヤマイモは茎と根の中間的性質をもっているので担根体（rhizophore）と呼んでいる．

3.2 生殖器官

ここでは有性生殖の器官である花と，花から発達してできる果実と種子の 3 つの器官を取り上げる．

a. 花

(1) 形態・構造

花は種子植物の生殖器官として分化したもので，がく片（sepal），花弁（petal），雄ずい（stamen），雌ずい（pistil）などからなり，花柄により茎につながっている（**図 3.10**）．がく片，花弁，雄ずい，雌ずいは花床（花托 receptacle）上に集まって配列しており，これらは葉が変態した花葉である．このうち生殖器官を分化しないがく片と花弁を裸花葉，生殖器官を分化する雄ずいと雌ずいを実花葉と呼んで区別している．普通，雌ずいは花の中央に存在し，その周囲に雄ずいがあり，その外側に花弁とがく片がある．

雌ずいは 1 ～数枚の心皮が集まって形成され，子房（ovary），花柱（style），柱頭（stigma）の 3 部からなりたっている．1 枚の心皮からなる雌ずいは一心皮雌ずいと呼ばれ，心皮の周辺が癒合してその基部は膨らんで子

心皮
心皮の数により一心皮雌ずい，二心皮雌ずい，多心皮雌ずいなどと呼ばれる．

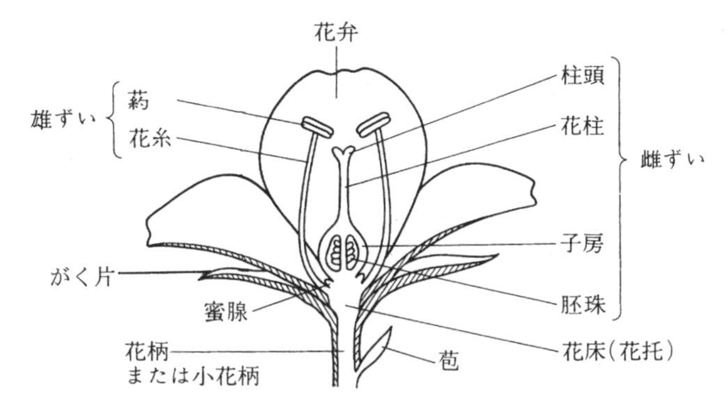

図3.10　花の各部位の名称（大阪府立大学農学部園芸学教室，1981）

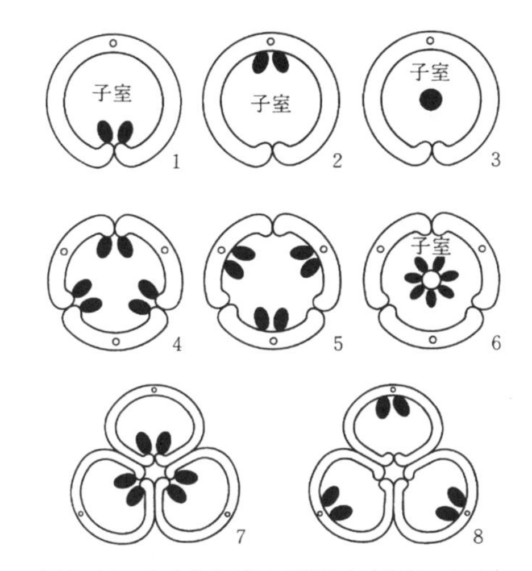

図3.11　心皮と胎座の模型図（木島，1962）
1～3：一心皮一室子房，4～6：三心皮一室子房，7～8：三心皮三室子房.
1，4：側膜縁辺胎座，2，5，8：側膜中肋胎座，3：中央胎座，6：特（独）立中央胎座，7：中軸胎座.

房，中央から先端部にかけては細長く伸びて花柱となり，先端は柱頭になる．一般には2枚以上の心皮が合一したものが多く，その数は子房を輪切りにすると部屋数などから判別できる．

子房の中には胚珠（ovule）があり，子房の内壁の胎座（placenta）と呼ばれるところについている．胎座は子房の構造により側膜胎座，中軸胎座，特（独）立中央胎座に分けられる（**図3.11**）．側膜胎座は子房の内壁に胚珠がつくもの，中軸胎座は隣り合う心皮の端が子房の中央で合一してできた中軸上に胚珠がつくもの，特立中央胎座は花床が子房の中央に伸びてできた柱状の軸の周りにつくものをいう．子房の中で胚珠はおもに直立，倒立，横臥（おうが）の3つの姿勢をとる．直立は珠孔を花柱の方向に向けていてタデ類やソバなどでみられ，倒立は珠孔を花柱と反対の方向に向け，胚珠は逆立ち状態になり多くの植物がこの姿勢をとる．横臥は珠孔を花柱と直角の方向に向け，胚珠が横になるもので，アブラナ，ナズナなどでみられる．また，子房は他の花葉との位置関係により子房上位（hypogyny），子房中位（perigyny），子

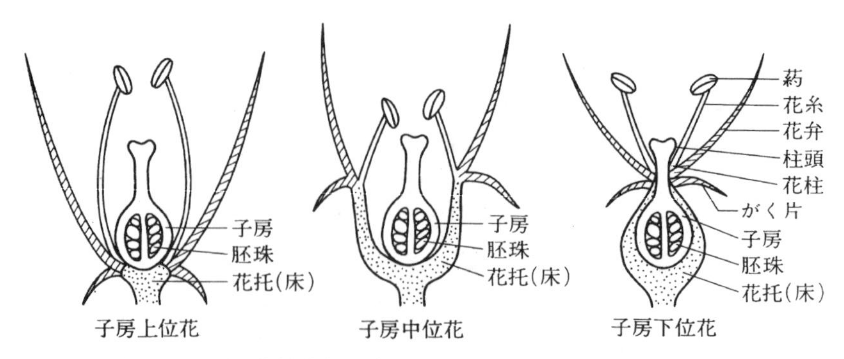

図 3.12　子房の位置模式図（大阪府立大学農学部園芸学教室，1981）

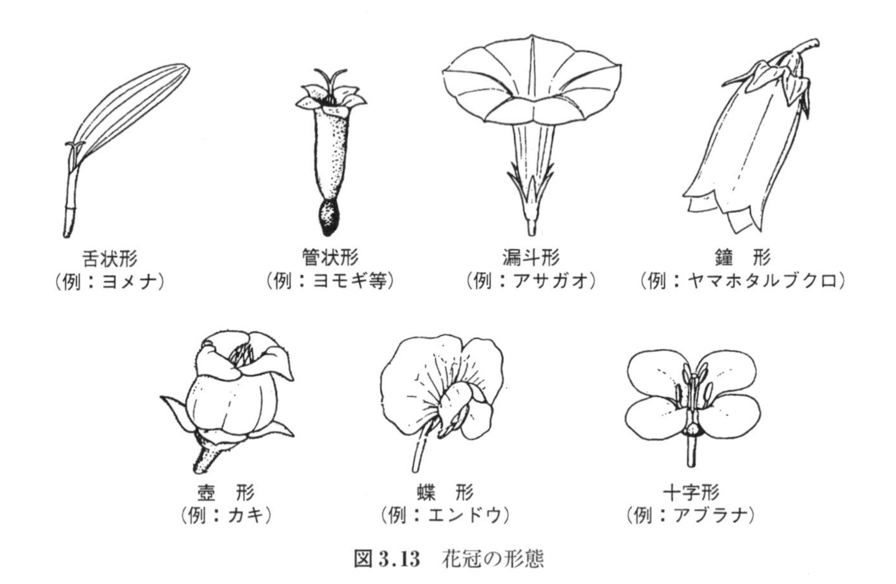

図 3.13　花冠の形態

房下位（epigyny）の3つに分けられる（**図 3.12**）．子房上位は子房が花被（次頁参照），雄ずいの着生位置より上にある場合をさし，子房下位は子房が下にあるとともに花床に包まれ癒合している．子房中位は両者の中間で子房全体または半分ががく片，花弁，雄ずいの下にあるが，癒合していない．雌ずいの子房は胚珠を含む場所，柱頭は花粉を受けるところ，花柱は柱頭と子房をつなぐ部分で，それぞれ生殖においては重要な役割を担っている．

1つの花のがく片と花弁の各集合体をそれぞれがく（calyx），花冠（corolla）といい，がくと花冠を総称して花被（かひ）（perianth）という．また，チューリップのようにがくと花冠の形が等しく区別できない場合には，がくを外花被，花冠を内花被という．がく片と花弁にはともに離生と合生があり，それぞれ離片がく，合片がくと離弁花，合弁花と呼んでいるが，その程度はさまざまである．花冠の形態は変化に富んでおり，舌（ぜつ）状形，管（かん）状形，漏斗形，鐘形，壺形，蝶形，十字形などの形がある（**図 3.13**）．

雄ずいは葯（やく）（anther）と花糸（かし）（filament）からなり，葯には多数の花粉（pollen）が含まれる．花糸への葯のつき方により，丁字着葯，底着葯，側着葯がある．葯は成熟すると裂開して花粉を放出するが，多くの場合，葯の縦軸に沿って裂ける（縦裂）．

がく，花冠，雄ずい，雌ずい以外に花には苞，鱗片，蜜腺などの付属器官がつくが，その存在や形態は植物によって異なる．

(2) 花　序

花序（inflorescence）とは花が茎につく状態または茎につく花の配列状体をいう．1本の茎に1個の花しかつけない植物もあるが，多くの植物は多数の花をつけるのでいろいろな花序がある．花序は花軸の下から上に向けて順次咲き上がる無限花序と上から下に咲き下がる有限花序がある．無限花序には総状花序（フジ），穂状花序（グラジオラス），尾状花序（クルミ），肉穂花序（サトイモ），散房花序（コデマリ），散形花序（ニンジン），頭状花序（キク）などがあり，有限花序には単頂花序（チューリップ），単出集散花序（カーネーション），二出集散花序（イチゴ，ベゴニア），多出集散花序（ミズキ）などがある．さらに2つ以上の同種または異種の花序が組み合わさった複合花序がある（**図3.14**）．

葯の特殊な裂け方
葯には縦裂以外に特別な裂け方をするものがあり，横に裂ける横裂，葯の頂端に孔が開く孔裂，葯の両端に弁があって裂ける弁裂などがある．

無限花序（総穂花序）

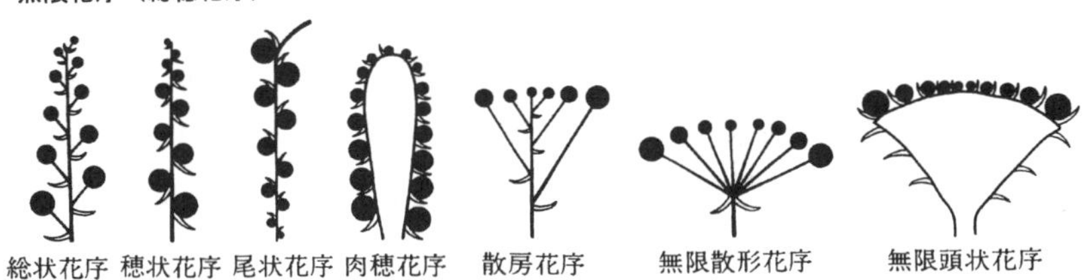

有限花序（集散花序）

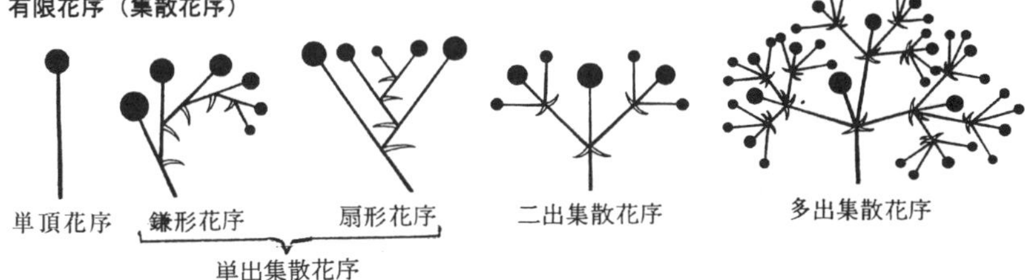

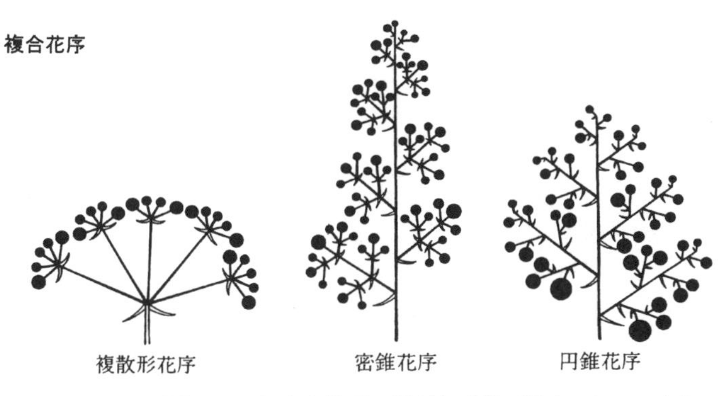

図3.14　おもな花房の種類と形態（塚本，1990より）

(3)　花の類別と着生様式

一般に，がく，花冠，雄ずい，雌ずいをすべてそなえた花を完全花，1つでも欠けている花を不完全花という．1つの花に雌ずいと雄ずいの両方を有するものを両性花といい，キク，サクラ，ユリ，ランなど最も一般にみられる花である．雌ずいと雄ずいのどちらかを有するものを単性花といい，キュウリ，カボチャ，ホウレンソウ，アサ，アオキ，クリなどにみられる．単性花は雌ずいをもつ雌花（female flower）と雄ずいをもつ雄花（male flower）に区別される．そして，同一個体に雌花と雄花の両方をつける場合を雌雄同株（monoecious），どちらか一方のみをつける場合を雌雄異株（dioecious）という（**表 3.1**）．また，同一種の植物で両性花と単性花の両方をつけるものがあり，1個体に両性花と単性花をつける場合を雑性株という．

b.　果　　実

果実は普通子房が発達したもので，中には胚珠から発達した種子が存在しているが，子房以外の花托，がく，花軸などが果実の形成に加わっているものがあり，前者を真果（true fruit），後者を偽果（false or pseudo fruit）といって区別している．

真果は子房壁が成熟した果皮，胎座，種子からなり，果皮は外果皮（exocarp），中果皮（mesocarp），内果皮（endocarp）の3層からできている．例えば，モモやウメの果実では，最外層の皮は外果皮，果肉部分（可食部）は中果皮，堅い殻は内果皮で，その中に種子がある．カンキツ類ではオレンジ色の皮のフラベドは外果皮，そのすぐ内側の白い海綿状組織のアルベドは中果皮，じょうのうと果汁を蓄積する果肉部は内果皮が発達したものであ

表 3.1　花葉の有無と雌雄花の別による花の類別

花葉の有無		個体における雌雄花の別	植物の例
花被の有無による分類	生殖器官の有無による分類		
有花被花	両性花		ユリ科，アヤメ科，ヒガンバナ科，バラ科，ナス科，ミカン属の植物
	単性花	雌雄同株 両性・雌花同株 雌雄異株	ベゴニア，キュウリ，カボチャ，カキ キク フキ，アスパラガス，アオキ
無花冠花	両性花		トリカブト，ジンチョウゲ，グミ
	単性花	雌雄同株 雌雄異株	クリ，クルミ サンショウ
無花被花	両性花		センリョウ
	単性花	雌雄同株 雌雄異株	カラー，サトイモ，ポインセチア ヤマモモ，ヤナギ

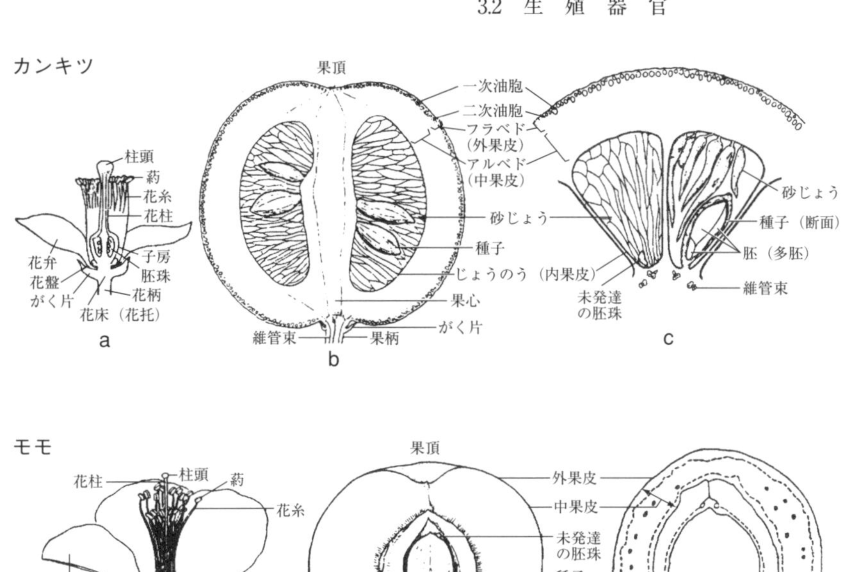

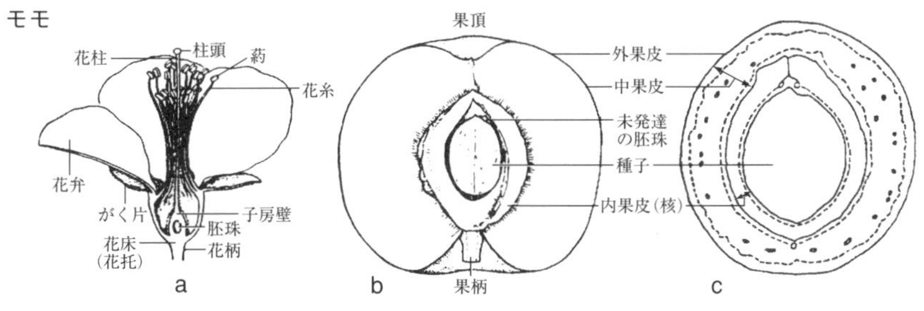

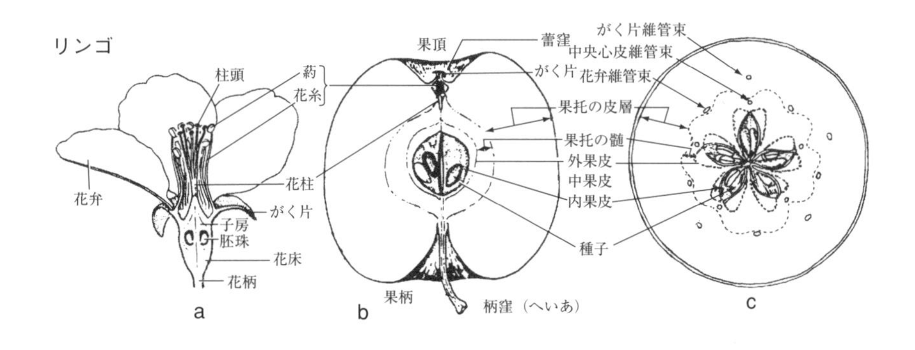

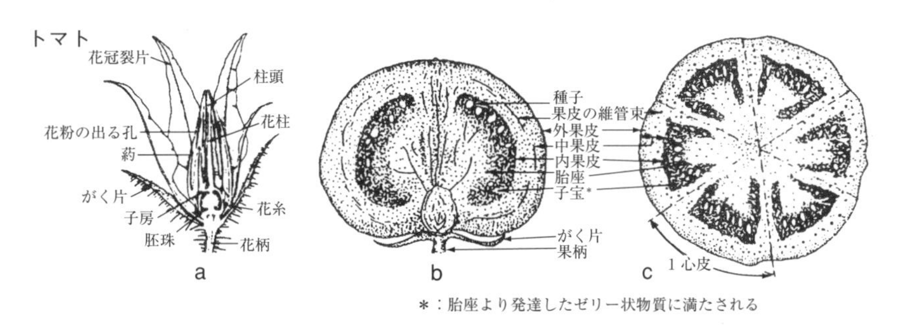

＊：胎座より発達したゼリー状物質に満たされる

図 3.15 花器（a）と果実（b, c）の形態（斎藤他，1992 より）

る．トマトでは外側から外果皮，中果皮，内果皮となり，内部のゼリー状物質は胎座から発達したもので，その中に種子が配置されている（**図 3.15**）．

偽果は果皮，胎座，種子以外に花托，花軸などが果実を形成しており，リンゴでは果肉部分は果托（花托）の皮層で，その内側に果皮組織と種子があ

表 3.2　果実の構造・可食部位による分類（中川，1978 より）

	果実の種類	おもな可食部位	園芸作物
真果（子房上・中位）	単　果	中果皮	モモ，ウメ，スモモ，アンズ，オウトウ，オリーブ，マンゴー，グミ
		内果皮	カンキツ類
		果皮・胎座	カキ，ブドウ，トマト，パパイヤ，ポポー，アボカド
		種　子	ソラマメ，エダマメ，インゲンマメ
		仮種皮	マンゴスチン，ドリアン
		果皮＋未熟種子	サヤエンドウ，サヤインゲン
偽果（子房下位）	単　果	花托（＋子房）	リンゴ，ナシ，マルメロ，カリン，ビワ
		子房（＋花托）	ブルーベリー，スグリ，グーズベリー，バナナ，ウリ類
		種　子	クリ，クルミ，ペカン，ハシバミ
		種　皮	ザクロ
	集合果	花托＋小果	イチゴ，キイチゴ，バンレイシ，チェリモヤ
	複合果	花軸＋花托＋小果	パイナップル，パンノミ
		小果＋花托など	イチジク，クワノミ

る（図 3.15）．ウリ類では可食部の大部分は内果皮であるがその外側には果托が存在する．クリも偽果で総苞が発達してきゅう（殻斗（かくと））になっている．

殻斗
ブナ植物の子房を包んでいる苞葉の集まり．クリのいがもこの一種．

真果と偽果の区別はすでに花器の発育段階ででき，子房上位と中位の花は真果になり，子房下位の花は偽果となる．果実の構造と花器の構造には密接な関係があり，その関係と可食部位による分類を**表 3.2** に示す．

果実は 1 つの雌ずいをもつ 1 花から生じる単果（モモ，ナシ，リンゴなど），多数の雌ずいをもつ 1 花から生じ多数の小果が集合した果実を集合果（イチゴなど），多数の小花から小単果ができそれが全体として 1 つの果実のように見える複合果（イチジク，パイナップルなど）に大きく分けることができる．単果は果皮の性状から多肉果と乾果に分けられ，乾果は裂開のあるなしで裂開果と閉果に分類され，その中でさらに細かく分類されている．

c.　種　　　子

種子は胚珠から形成された次世代の幼生（小植物体）であり，栽培にあたっては出発点となるものであるが，中には食用に使用される場合もある．種子の外観は形，大きさ，種皮の色，毛の有無などさまざまであるが，基本的な構造は種皮（seed coat），胚乳（albumen），胚（embryo）からできている（**図 3.16**）．

種皮は胚珠の珠皮が発達してできたもので，多少の例外はあるが裸子植物と被子植物の合弁花類では 1 層，離弁花類と単子葉類では 2 層からなる．2 層からなる場合は，外種皮，内種皮と呼んで区別している．種皮は一般に堅

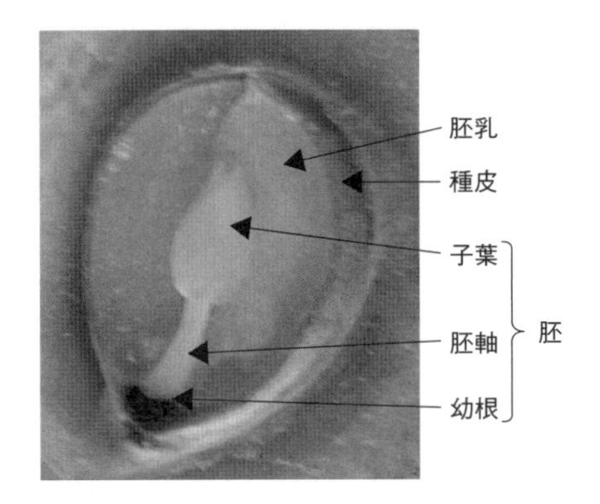

図 3.16 カキの種子の切断写真

く，乾質で内部の胚を保護しており，発芽時の水分吸収にも大きく関与している．

胚乳には，雌性配偶体の一部に由来する内（胚）乳（endosperm）と珠心の一部が胚嚢の外面に発達してできた外（胚）乳（perisperm）があり，種子内の胚（幼植物体）の成長に必要な養分を貯蔵している組織である．被子植物では，重複受精の結果できた中心細胞の極核と精核からなる $3n$ の胚乳原核が発達して内乳となる．一方，外乳は複相核（$2n$）をもち，スイレン科，アカザ科，ナデシコ科，カンナ科などにみられる．種子には胚乳をもたないものがあり，無胚乳種子と呼ばれ，有胚乳種子と区別される．無胚乳種子は種子が形成される過程で胚乳が退化したもので，胚の成長に必要な養分は普通，肥大した胚の子葉に蓄えられ，マメ科，ウリ科，アブラナ科，シソ科などの種子にみられる．また，ラン科では子葉にも養分を蓄積しない種子を形成する．有胚乳種子はイネ科，ナス科，セリ科，ユリ科，カキ科，モクレン科などの種子にみられる．

胚は一人前の植物体を小さくしたもので，一般に，その構造は幼芽，子葉，下胚軸，幼根からなっている．子葉は植物の種類により異なっており，1枚のものは単子葉植物，2枚のものは双子葉植物と呼ばれる．［河合義隆］

文　献

1) 大阪府立大学農学部園芸学教室（1981）：園芸学実験・実習，養賢堂．
2) Esau, K.（1965）：*Plant Anatomy*（*2nd ed.*），J. Wiley & Sons.
3) 佐藤　庚他（1984）：作物の生態生理，文永堂出版．
4) 今西英雄編（2005）：球根類の開花調節，農山漁村文化協会．
5) 木島正夫（1962）：植物形態学の実験法，廣川書店．
6) 塚本洋太郎総監修（1990）：園芸植物大事典 6，小学館．
7) 斎藤　隆他（1992）：園芸学概論，文永堂出版．
8) 中川昌一（1978）：果樹園芸原論，養賢堂．

4 育　　種

〔キーワード〕 生殖様式，育種素材の拡大，イオンビーム育種，採種，雄性不稔性，指定種苗，UPOV 条約，品種登録

育種とは，新しい形質をもつ植物を創り育てることである．植物は自然の営みの過程で長い年月をかけ，交雑を通して，また突然変異により形質を変化させてきた．その中から望ましい形質をもつものを人間は選抜・利用してきたが，よりよい形質を求め続けた結果，育種技術は革新的に発展してきた．園芸作物全般の育種目標としては，生産性，高品質性（食味，機能成分量，香気成分，観賞価値など），商品性（輸送性，貯蔵性など）等があげられる．特に生産性はすべての作目で要求され，近年環境への関心が高まっており省力・省エネ的生産が可能な品種，すなわち耐環境性（耐乾性，耐暑性，耐寒性など）や病虫害耐性が強く，栽培期間が短い性質などは共通に求められる育種目標であろう．いずれにしても育種を行う際には，具体的な育種目標をもち，その目標を達成するための遺伝資源の収集，遺伝子の導入方法の検討など，明確な目標と適切な技術の利用が重要なポイントとなる．

4.1　育種の方法

a.　植物の生殖様式

育種技術を駆使するには基本的な遺伝の仕組みを理解することはもちろんだが，それぞれの植物の本来の生殖様式・受粉や受精の生理を把握することはとても重要である．生殖様式は，大きく自殖性と他殖性に分けられる．さらに詳細にみると，自殖性と他殖性には多くのタイプが存在する（**表 4.1, 4.2**）．

自殖性と他殖性の比率
約 1,200 種の植物を調査した結果では，63%が他殖性，18%が自殖性であったという．

b.　育種素材の作出と優良個体の選抜・固定

生殖様式の違いは育種手法に大きく影響する．育種の過程は，基本的に，遺伝的変異の拡大，優良形質個体の選抜，優良形質の固定，固定個体（群）の増殖，の 4 段階を経る．遺伝的変異の拡大についての技術を**表 4.3** に列挙した．この中で，日本で開発・発展した技術として放射線照射，イオンビーム照射が特筆される．これらは高エネルギー放射を植物組織に照射することで遺伝子を傷つけて変異を誘発する技術で，大規模施設が必要など短所もあるが，比較的高確率で変異個体が得られ，今後も期待される技術である（コラム参照）．遺伝子組換え技術はニューバイテク技術として近年進展が著し

表 4.1 自殖性植物のタイプとその特徴（生井，1989 a；生井，1992 より）

受精のタイプ	繁殖性	特　徴	おもな植物
完全な自動自家受精	完全な自殖性	花が閉じたまま閉花受精	マルバタチスミレ，コミヤマカタバミ
	ほぼ完全な自殖性	品種，環境により花粉媒介者による他家受粉により，まれに他家受精	エンドウ，ダイズ，ラッカセイ，レタス
訪花昆虫の間接効果による自動自家受精	部分他殖性を示す自殖性	花粉媒介昆虫の訪花刺激で自家受粉するが，他家受粉も起こり，まれに他家受精	ソラマメ，インゲンマメ，ベニバナインゲン
花粉の自然落下による自動自家受精	部分他殖性を示す自殖性	花粉の自動落下により自動自家受粉するが，花粉媒介者により他家受精も起こる	ナス，トマト，トウガラシ，ピーマン
訪花昆虫の直接効果による不完全自家受精	部分他殖性が強い自殖性	自動自家受粉能力が一般に低く，花粉媒介昆虫の接触で自家受粉するもので，他家受粉による他家受精も起こる	ナタネ，カラシナ，ケナフ，オクラ

表 4.2 他殖となる原因により分けた他殖性植物の特徴（生井，1989 a；生井，1992 より）

他家受精となる原因	花の咲き方，機能	特　徴	おもな植物
雌雄異株	雄株，雌株の区別（雌花，雄花が別々の株につく）	花粉媒介者による完全な他殖性	キウイフルーツ，イチョウ，クワ，アスパラガス，ホウレンソウ，ヤマノイモ，アサ
自家不和合性	両性花（雌ずい，雄ずいが同形（同形花柱花））	両性花をつけるが自家花粉では受精できないほぼ完全な他殖性	ナシ，モモ，ハクサイ，キャベツ，ダイコン，クローバー，ダリア，多くのユリ
	両性花（雌ずい，雄ずいが異形（異形花柱花））		サクラソウ，ソバ，ミソハギ
	雌雄異熟を併有		サツマイモ（雌ずい先熟），ビート（雄ずい先熟）
	雌雄異花を併有	ほぼ完全な他殖性	クリ，オリーブ，ヘーゼルナッツ
雌雄異熟	両生花，自家和合性だが，雌ずいと雄ずいの成熟期（受精可能となる時期）が異なる	両生花で自家和合性であっても成熟期が異なるため強い他殖性	雌ずい先熟：モクレン，イチゴ 雄ずい先熟：タマネギ，ニンジン，ホウセンカ，キキョウ，リンドウ，ヤツデ
雌雄異花	単性（雌花，雄花），自家和合性の花を同一株につける	単性花，自家和合性だが，空間的に雄花，雌花が離れ，雄ずい先熟のため，部分自殖性を示す他殖性	カキ，マツ，スギ，カボチャ，キュウリ，メロン，ヘチマ，トウモロコシ

表 4.3　育種素材の作出にかかわる技術とその特徴（山元，1987 より）

利用／操作の対象の遺伝子・ゲノム	育種技術	操作法の特徴
既存の遺伝子をそのまま利用	導入育種法	国外から望ましい特性をもつ植物を導入し，そのまま利用
	分離育種法	既存の集団（種や品種の個体群）の中から望ましい特性をもつ個体（群）を選抜，利用
既存の遺伝子を利用し，交雑により新しい遺伝子型を作出	交雑育種法	主として自殖性植物が対象．望ましい特性をもつ他品種，近縁種と交配し，目的とする特性に関与する遺伝子（群）を付与
	雑種強勢育種法	主として他殖性植物が対象．交雑によってヘテロな遺伝子群を組み合わせることにより生じるヘテロシス（雑種強勢）を利用．用いる両品種は選抜または交雑育種法で作出
変異誘発により集団内に存在していない遺伝子型を作出	突然変異育種法	集団内の遺伝子に起こる突然変異を利用し，望ましい特性をもつ個体を選抜，利用．突然変異の出現率を高めるため，EMS（側註参照）などの化学変異原，放射線やイオンビームなどの照射，組織培養などを利用する
既存のゲノムの改良	倍数性育種法	ゲノム全体の増減（倍数体，半数体の作出）またはゲノムの一部を改変（異数体の作出）して望ましい特性をもつ個体を作出．倍加にはコルヒチンなどの有糸分裂阻害剤処理，半数体作出には葯（花粉）培養などが利用される
異種ゲノムの導入	遠縁交雑育種法	異種のゲノム全体または一部を交雑により付与．花柱切断受粉，試験管内受精など交雑不和合性を克服し，得られた雑種胚が途中座死する場合は胚培養で救出．得られた雑種個体が不稔の場合は染色体倍加（複二倍体化）し，稔性回復して利用
	体細胞雑種育種法	異なる 2 種の体細胞から細胞壁を除いてプロトプラストとし，PEG 処理または電気融合により細胞融合を誘起し，融合細胞を培養して雑種を得る．遠縁の組み合わせでも雑種獲得の可能性があるが，プロトプラスト培養の手法が確立している必要がある
機能既知の遺伝子を核ゲノムに導入	遺伝子組換え育種法	ピンポイントでゲノムの改変を行う技術．目的の形質に関与する遺伝子（群）をアグロバクテリウム法（生物的導入），パーティクルガン法・エレクトロポレーション法（物理的直接導入）などで形質を改変したい植物の核ゲノムに導入．目的の形質を発現した形質転換体を選抜，利用．遺伝子組換え実験の実施に当たっては，環境省の「遺伝子組換え生物等の使用等の規制による生物の多様性の確保に関する法律」に基づき，定められた管理下で実施しなければならない

いが，技術の基本特許がほとんど海外で取得されているという現状がある．特許技術は，研究分野で利用する場合には問題ないものの，ひとたび組換え体を商業品種にしようとすると利用技術使用料（パテント料）の問題が生じてくる．初期の開発技術については特許権の保護期間が終わり無償で利用可能となっているものもあるが，品種育成現場で新規の特殊技術を用いるときには，その技術の特許に留意する必要がある．

変異の拡大ができたら，選抜・固定の過程に入るが，この過程も対象植物の生殖様式により用いる手段は異なる（**表 4.4**）．品種としての安定した形質をもつことが確認されれば，営利的な栽培に利用されることになる．

EMS
エチルメタンスルホン酸．DNA をアルキル化することで変異を誘発する．

PEG
ポリエチレングリコール

特許保護期間
多くの国では，特許権の存続は出願日から 20 年間（2017 年の法改正で，日本では 25 年間に延長）となっている．

表 4.4　選抜にかかわる育種技術とその特徴（山元，1987 より）

素材作出法	選抜対象・条件	育種技術	操作法の特徴
分離育種法	自殖性植物，近交弱勢を示さない他殖性植物	純系選抜法	自殖または近親交配によって世代を進めつつ選抜を続け，目的形質の分離しない系統（純系）を作出
	自殖，近親交配により弱勢化する他殖性植物	集団選抜法	集団から複数の優良個体を選抜し，放任受粉によって得た次世代から再び優良個体を選抜．これを繰り返して弱勢化が起きないよう目的の遺伝子座だけホモ化を図る
	栄養繁殖性の植物	栄養系選抜法	広く優良個体を収集し，同条件で栽培，比較し，最も望ましい形質をもつものを選抜
交雑育種法	選抜形質にかかわる遺伝子が1～2個	戻し交雑法	付与したい特性をもつ品種を父親として得た雑種第一代（F_1）に母とした品種を繰り返し交配し，特性にかかわる遺伝子座がホモ化したものを選抜
	選抜形質にかかわる遺伝子が少数	系統育種法	F_1 後代で分離してくるさまざまな形質をもつ各群から個体を選抜し，系統として栽培．系統間で比較し，優良な遺伝子型を選抜固定する
		葯培養育種法	F_1 個体の葯を培養して半数体を得た後，コルヒチン等を処理して染色体を倍加（同質複二倍体を作出）することで純系を作出
	選抜形質にかかわる遺伝子が多数（量的形質など）	集団選抜法	無選抜で 5～6 世代放任受粉してある程度ホモ化を進めた後で，純系選抜法に準じた方法で選抜を進める
	多品種を交雑した後代（導入したい特性が複数の品種に存在）	多系交雑法	交雑後代から個体選抜を繰り返していくつかの系統を得て，再び系統間で交雑を繰り返し，目的の諸特性をもつ系統を作出
雑種強勢育種法	親系統の組合せ能力（雑種強勢効果が大きい）の改良が目的	循環選抜法	選抜個体と検定用品種（系統）を交雑し，組合せ能力の高い個体を選抜．その自殖種子を栽培して総当たりで相互交雑し，組合せ能力の高い集団をつくり，再びこのサイクルを繰り返しながら改良を進める
	多数の系統間で交雑し，組合せ能力の高い近交系を選抜	合成品種育種法	集団の中から組合せ能力の高い近交系を選抜．これらを混合して栽培し，放任受粉によって採種し品種とする

4.2　採種と種子生産

園芸作物の生産において採種は，上記の育種過程の多くで，また生産に用いる種苗としての種子生産のために非常に重要な過程である．この過程も対象の植物が自殖性か他殖性か（表 4.1，4.2 を参照）で，採種の技術が異なる．採種にあたって，健全な種子を得るために必要な基本的留意事項として以下のことがあげられる．

母本
採種の場合は，種子を収穫するために栽培する株をさす．

a. 母本の選抜

採種する株として，その品種本来の形質をもつ優良な母本を選抜する必要がある．母本が鉢植えであれば優良なものを残して採種すればよい．しかし，露地栽培では不良株の抜き取りが重要な作業となる．その品種本来の特性を示していない株は早めに抜き取る．特に他殖性の強い植物は，不良株を残すと形質の劣化が起きやすいので抜き取りを徹底する．

b. 意図しない交雑を避けるための隔離

他殖性のある植物は，異品種，近縁種などとの交雑を避けるため隔離栽培が必要となる．種苗法で定められた指定種苗（次章表5.1参照）では，農水省告示により基準隔離距離が定められている（**表4.5**）．この基準とは別に，種苗協会等がさまざまな植物種について表4.5に示すような隔離距離を推奨

表4.5 主要栽培植物の採種圃間の隔離距離
（特別な隔離物を設けない場合．生井，1989b；農林水産省品種登録ホームページ）

	植物名	隔離距離［m］		備考
		農水省告示による基準	種苗協会等の推奨基準	
ほぼ完全な自殖性植物	ダイズ	10	30	特殊な環境下で他家受精するが，通常は自殖性植物としてよい
	エンドウ	10	100	
部分他殖性の自殖性植物	インゲンマメ	10	10～20	常にある程度の他殖性を示すものとして扱った方がよい
	ソラマメ	100	100	
	ナス科植物	50～100	50～200	
	ナタネ，カラシナ	600	50～300	
部分自殖性の他殖性植物	キュウリ	600	300～400	部分的に自殖性を示すが，完全な他殖性植物として扱った方がよく，小規模採種では袋掛け，網室など隔離装置を用いた方がよい
	カボチャ	600	1,000	
	タマネギ，ネギ	300	300～800	
自家不和合性の他殖性植物	ハクサイ，カブ	600	1,000	小規模の場合は，必ず隔離装置を用いるべきである
	キャベツ，ダイコン	600	500～600	
	ニンジン	300	500～600	
雌雄異株の他殖性植物	ホウレンソウ	600	300	完全な他殖性植物として扱ってよい

■コラム■ 日本生まれの遺伝的変異拡大の技術—イオンビーム照射—

理化学研究所，日本原子力研究所高崎研究所などに大型の加速装置（サイクロトロン）が設置され，イオンを加速して植物組織に照射することが可能になっている．日本は放射線育種場（ガンマーフィールド）を世界に先駆けて実用化した実績をもち，イオンビーム照射技術も日本で開発された．従来の放射線照射よりも比較的大きな変異を効率よく誘発できる技術として期待されている．2001年，サントリーと理化学研究所は，窒素14（^{14}N）重イオンビーム照射による種子のできない花持ちのよいバーベナ‘不稔花手毬コーラルピンク’の作出に成功し，実用品種として販売までに至っている．その後も，キク営利品種への照射による無側枝性変異の誘発など，実用化が期待される変異株の獲得に成功しており，今後の技術の発展が期待されている．

している．これらの基準は採種圃との間に何もない露地栽培の場合であり，圃場の間に森など遮蔽物がある場合，隔離距離はもっと短くてもよい．また，採種株を網や寒冷紗などで覆ったり，受粉した花に袋掛けを行えば，距離的な隔離の必要はなくなる．また，開花時期がずれている場合は時間的に隔離され，この場合も距離的隔離は必要ない．

c. 収　　穫

収穫はそれぞれの植物により適期が異なる．トマトやナスなど果肉の中に種子がある植物では，食用としての適期が過ぎて果肉がかなり柔らかくなった頃が適期である．キュウリやオクラなどは食用には未熟な果実を収穫しているが，採種のためには果実の成長が止まり，さらに十分に種子が熟すのを待って収穫する．また，果実が完熟すると割れて種子が散ってしまうようなレタス，ニンジン，パンジーなどは割れる前に収穫する必要がある．

d. 種子の調整と貯蔵

収穫後はまず乾燥を心がける．果実が乾燥して裂開するレタス，ニンジン，オクラ，パンジーなどは，莢が裂開する前に果実または株ごと収穫する．十分乾燥後に莢から種子を取り出すが，種子以外の夾雑物は種子劣化の原因になるので，風選や篩い分けで種子だけ選別する．調整後の種子の含水量は，貯蔵種子の寿命に大きく影響する（側註参照）．適切な調整を終えた種子は，適切な湿度，温度で貯蔵する．貯蔵途中に種子含水量が大きく変動すると，寿命に悪影響が出るので注意する．多くの種の種子は乾燥（相対湿度 10％以下），低温（5℃以下）条件下で長寿命となる．一方，これに当てはまらない扱いが難しい種子（recalcitrant seeds）として，10℃以下の低温・乾燥条件で生命を失うもの（マンゴー，マンゴスチン，サトイモなど），低温・乾燥下で寿命が短いもの（クリ，クルミ，ビワ，アオイ，ワサビなど），相対湿度 25 ～ 30％で寿命が長いもの（エンドウ，インゲンマメ，シソ，パンジーなど）がある（中村，1985）．

種子の含水量と寿命
穀類種子の含水量を 12％と 9％とし同条件で貯蔵すると，寿命は 12％では半年，9％では 4 年と大きく異なった．

種苗法施行規則に指定されている指定種苗（次章表 5.1 参照）のうち，野菜の種子生産については細かく基準が設定されており（農林水産省告示「指定種苗の生産等に関する基準」，最新の改正は平成 29 年 10 月 2 日），その遵守が求められている．つまり，品種の純度（野菜では品種本来の特性をもつ種子が全体の 95％以上），採種圃場の設置基準（目的の雄親以外の交雑花粉源の隔離距離．表 4.5 参照），調整後の種子の最低発芽率（野菜では最少値はシュンギクの 50％，最高値はキュウリ，ダイコンなどの 85％）および最大含水量（種により異なり，5.5 ～ 9.0％の範囲）などのほか，種子の扱いについて細かな基準が定められている．

F_1 品種
遺伝的に異なる個体間の交雑により得られる雑種第一代を F_1 という．F_1 は雑種強勢を示し，これを利用した品種が F_1 品種．

雄性不稔
雄ずいの形態的または機能的な異常のために種子形成が行われない現象．

e.　F_1 品種の採種

雑種強勢による旺盛な成長と均一な生育を利用するのが F_1 品種である．F_1 品種の種子は交雑により生産するので，自殖をさせない交配手法が必要である．果菜類では1果実の種子数が多く，手間はかかるが除雄（じょゆう）が行われる．自家不和合性をもつアブラナ科の葉菜，根菜では生理的原因で自殖が起

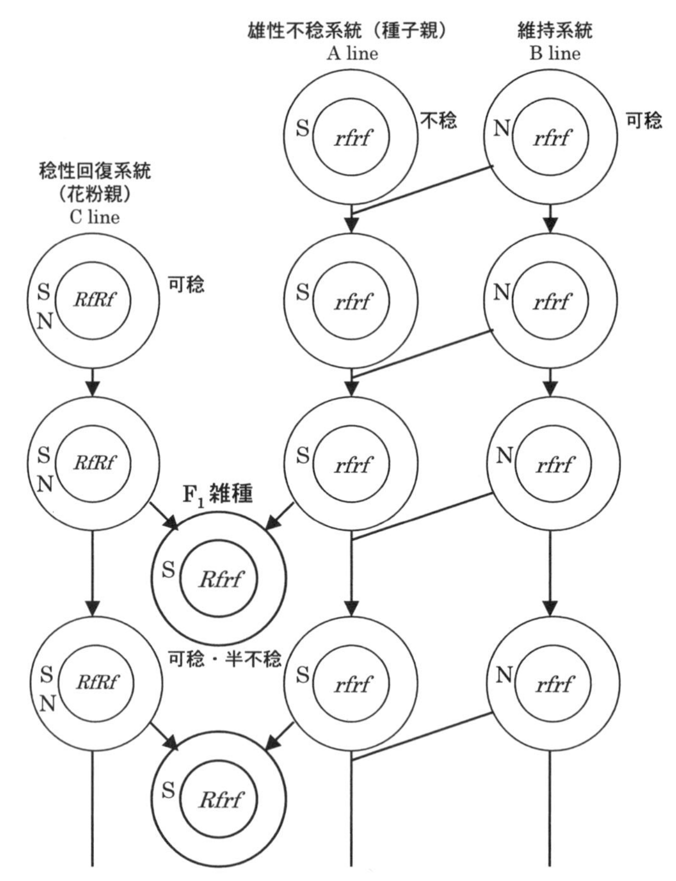

図 4.1　細胞質雄性不稔性を利用した F_1 種子採種体系（志賀，1988 より）
rf：雄性不稔遺伝子，*Rf*：稔性回復遺伝子，S：雄性不稔性の細胞質，N：正常な細胞質．なお，C ラインの細胞質は N でも S でもよい．

■コラム■　日本の古典園芸の驚異―変化アサガオの採種―

江戸時代末期に園芸文化が隆盛を誇ったことはよく知られ，その1つに変化朝顔がある．これらは形態形成に関する突然変異体で，劣性突然変異を多重に組み合せて育成された．例えばボタン咲という形質は雄ずい，雌ずいが花弁化する劣性の突然変異で不稔であり，これを *aa* とすれば，これを発現する一重咲の株は *Aa* と表現される．*Aa* 株を自殖すれば，*AA*：*Aa*：*aa* が1：2：1で分離し，1/4がボタン咲，3/4が一重咲となる．このうちボタン咲となる株を出物（でもの），自殖するとボタン咲を分離できる *Aa* 株を親木（おやぎ）とよぶ．*AA* は出物をつくらない無駄な株である．変化咲の株を効率よく得ようとすれば，幼苗のうちに *AA* 株は排除したい．現在の変化朝顔を観察すると花だけでなく子葉，本葉，茎にも突然変異形質が多面的に発現している．どうも江戸時代の栽培者はそれを利用し，子葉の形・色などから *AA* 株を識別，排除し，親木を仕訳（しわけ）ていたらしい（齋藤，1975）．この技を駆使し，多くの突然変異を多重にもった親木を維持できたようである．当時のアサガオ栽培家は，まさに世界に誇る採種技術をもっていたことになる．

こらないので，除雄の必要がない．タマネギ，ニンジンでは細胞質雄性不稔（ゆうせいふねん）性が利用されている．図 4.1 に示したように，まず種子親となる雄性不稔系統（A：細胞質は雄性不稔となるＳ細胞質），正常な細胞質Ｎをもつ維持系統（B），花粉親となる稔性回復系統（C：核に稔性回復遺伝子 *Rf*）の３系統を準備する必要がある．Ｂでは核は雄性不稔性であるが細胞質がＮのため自殖しても花粉稔性をもつ．花粉では受精の際に核のみが関与する．そのためＡ×Ｂでは，核の *rf* と細胞質Ｓによりすべて雄性不稔となる．一方，Ａ×ＣではＣの花粉の核に *Rf* があるので稔性が回復する．したがって，雑種強勢の効果が高いＣラインを選抜しておく必要がある．

4.3　品種の登録と保護

営利品種の育成には育成者の卓抜したセンスと多大な労力が必要で，新品種育成を奨励するためには新品種育成者の労苦に見合う権利を適切に保護することが必要である．日本では種苗法（何度か改正，最新は 2017 年 3 月 22 日に改正法施行）に基づく品種登録制度で権利保護が図られている．

品種登録を行うには，**表 4.6** に示した５項目の要件をすべて満たしていなければならない．登録申請およびその審査は**図 4.2** に示した手順で進められ，審査期間中も仮保護され，登録が認められ所定の登録料を納めると育成者権が発生する．育成者権とは，業として登録品種を独占的に利用できる権利で，その権利をもたない人は育成者権者に許諾を得なければ利用できない．権利が及ぶのは登録品種とその従属品種（登録品種のごくわずかな特性

UPOV 条約と種苗法の改正
日本は植物品種保護に関する国際条約（UPOV 条約と略記）に 1979 年より加盟しており，UPOV 条約の一部改正があると，それに合わせ種苗法の改正を実施している．

表 4.6　種苗法による品種登録制度における品種登録要件とその審査について（農林水産省）

要件項目	内　容	審査の内容
区別性	既存品種と重要な形質（形状，品質，耐病性など）で明確に区別できること	栽培試験，書類審査および現地調査により，出願品種の特性が既存品種と区別できることを確認
均一性	同一世代でその形質が十分類似していること（種子繁殖品種であれば，播いた種子からすべて同じものができる）	
安定性	増殖後も形質が安定していること（何世代増殖を繰り返しても同じものができる）	
未譲渡性	出願日から１年遡った日より前に出願品種の種苗や収穫物を譲渡していないこと．外国での譲渡は，日本での出願日から４年（永年性植物は６年）遡った日	左記の日以前に，種苗および収穫物が業として譲渡されていると登録できない．試験／研究の目的，育成者の意に反して行われた譲渡の場合は登録可
名称の適切性	品種の名称が既存の品種や登録商標と紛らわしいものでないこと	出願品種の名称が不適切と判定された場合は，名称を期限内に変更しないと登録できない

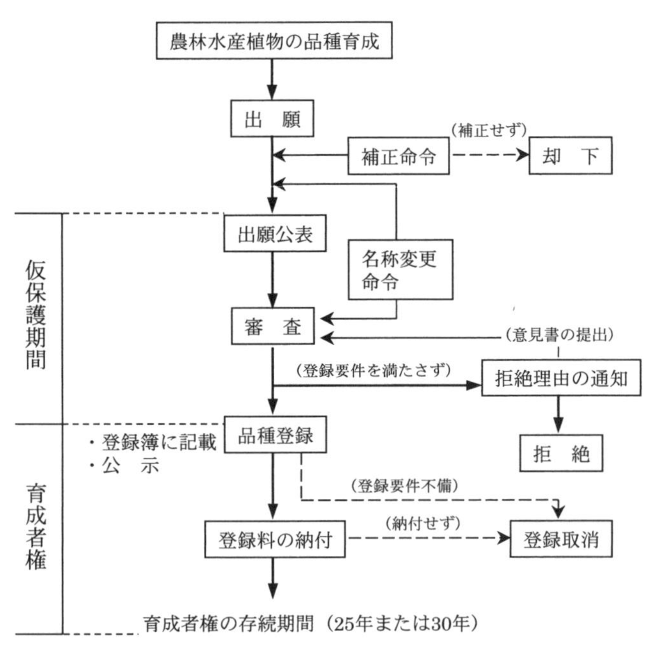

図 4.2　品種登録の手順（農林水産省品種登録ホームページ）

のみを変化させた品種．例えば登録品種を用いて遺伝子組換え法で花色を変えた場合は従属品種），さらに繁殖のため常に登録品種を交雑させる必要がある品種（F_1 品種の片親が登録品種の場合）である．ただし，例外として，新品種の育成および試験・研究のための利用，また，経過措置として当初は，農業生産者が自己の経営の中で登録種苗から収穫物を種苗として利用する自家増殖は認められていた．

2005（平成 17）年の改正により，①加工品への育成者権の拡大，②育成者権の存続期間の延長など，育成者権保護がさらに強化された．つまり，これまで，育成者権の効力が及ぶのは種苗と収穫物であったが，加工品（種苗を用いて得られる収穫物から直接生産される加工品）へも効力が及ぶようになった．これは海外などで日本の種苗が無断で利用され，その加工品が日本へ入ってくる問題（アズキ，イグサなど）が生じたことによる．また，②の存続期間は，従来は永年性植物は 25 年，その他は 20 年であったが，それぞれ 30 年，25 年と，5 年間延長された．さらに，当初は省令で 23 種以外は認められていた農業生産者の自家増殖は UPOV 条約に合わせて禁止される種類が徐々に増え，平成 30 年度には 300 を超える種類が登録品種について自家増殖できなくなる予定となっている．これも育成者権の保護強化の流れの一環である．　［雨木若慶］

文　　献

1)　生井兵治（1989 a）：植物遺伝資源集成第 1 巻（松尾孝嶺監修），p.288–297，講談社サイエンティフィク．
2）生井兵治（1992）：植物の性の営みを探る，p.43－63，養賢堂．
3）山元皓二（1987）：新しい植物育種技術―バイオテクノロジーの基盤として―（中島哲夫監修），p.15－29，養賢堂．
4）生井兵治（1989 b）：植物遺伝資源集成第 1 巻（松尾孝嶺監修），p.303－306，講談社サイエンティフィク．
5）農林水産省品種登録ホームページ：http://www.hinsyu.maff.go.jp/
6）中村俊一郎（1985）：農林種子学総論，p.195－208，養賢堂．
7）志賀敏夫（1988）：ハイテクによる野菜の採種（そ菜種子生産研究会編），p.261－270，誠文堂新光社．
8）齋藤　清（1975）：花の育種学，p.103－111，二十一世紀書房．

■コラム■　青いバラ

遺伝子組換えとは，ある植物から特定の遺伝子を取り出し，それを別の植物に組み入れることである．ある育種の目標となる形質をもつ植物から，その形質が存在している DNA の部分だけを，制限酵素と呼ばれる酵素を用いて特異的に切り取り，それをアグロバクテリウムという菌の遺伝子に導入し，その菌を遺伝子を導入しようとする植物に感染させて，有用な遺伝子をこれを導入したい植物の DNA に組み入れるなど種々の方法がある．サントリー株式会社は青い花卉の開発に取り組み，カーネーションはペチュニア由来，バラはパンジー由来のフラボノイド 3′,5′－ハイドロキシラーゼ遺伝子を遺伝子組み換えで導入し，青色色素デルフィニジンを合成する能力をもつ，青紫色のカーネーション‘ムーンダスト’（1995 年），青いバラ‘アプローズ’（2004 年）の育成に成功した．

■コラム■　新しい形質転換技術―ゲノム編集―

従来の遺伝子組換え技術は，目的遺伝子を対象植物の核 DNA に導入することはできたが，導入位置は特定することができず，とても低い確率で目的の形質が発現するのを期待するものだった．2012 年，フランスのシャルパンティエ博士，アメリカのダウドナ博士の共同研究として発表された CRISPR-Cas（クリスパー・キャス）システムによるゲノム編集技術は目的遺伝子を核 DNA の特定位置に導入（ノックイン），特定遺伝子の機能を欠失（ノックアウト）できる画期的なものであった．まさに，特定遺伝子に限った改変，ピンポイント育種が可能な技術である．この仕組みは，細菌がウイルスに攻撃されたときの自己防衛策としてもつもので，一度感染したウイルスの特定 DNA を記憶し，ウイルスが再感染して細菌の核 DNA に自己 DNA を組み込んでも，それを察知して即座に排除するシステムである．その後，多くの研究者がこのシステムを利用し，すでに研究段階では多くの成果が得られており，2018 年においては発表はないが，このシステムを利用した実用品種の開発が期待されている．

繁　殖

〔キーワード〕 種子繁殖，栄養繁殖，挿し木，接ぎ木，取り木，株分け，マイクロプロパゲーション

農業生産上の繁殖の目的は，優れた遺伝的特性をもつ個体（群）を，その特性を維持したまま大量に増やすことである．かつては苗半作といわれたように種苗は自家調達が当たり前で，自家採種，自家育苗が行われていた．しかし，1950 年代より始まった一代（F_1）雑種（first filial generation hybrid）品種の開発は急速に多品目に及び，1986 年より普及が始まったセル成型苗生産システムは機械化，自動化による種苗の大量生産を可能にし，さらに農村での労働力不足と高齢化もあいまって購入苗の利用が急速に拡大しているのが現状である．

アポミクシス植物
種子繁殖性植物には無性的に種子をつけるアポミクシス植物（カンキツ類の珠心胚など）もあり，この場合は種子の形をした栄養体とみることができる．

植物は主たる繁殖様式から種子繁殖性植物と栄養繁殖性植物に大別でき

表 5.1　改正種苗法に基づく指定種苗の区分と種類（農林水産省ウェブサイトより園芸関係の部分のみ抜粋）

区　分		種　類
野菜（食用花きを含む）の種子・苗等［多数］		イチゴ，インゲンマメ，オクラ，カブ，カボチャ，キャベツ，キュウリ，ゴボウ，ダイコン，タマネギ，パセリ，ミントなど
果樹の苗木・穂木［15 種］		アンズ，イチジク，ウメ，オウトウ（甘果桜桃，酸果桜桃，中国桜桃に限る），カキ，カンキツ類，キウイフルーツ，クリ，クルミ，スモモ，ナシ，ビワ，ブドウ，モモ，リンゴ
花き（食用を除く）の種子・球根等［32 種］	種子［13］	キンギョソウ，キンセンカ，サクラソウ，サルビア，シクラメン，シネラリア，ストック，ハナナ，ハボタン，パンジー，ヒナギク，マツバボタン，マリーゴールド
	種子と球根／苗［2］	ベゴニア，リンドウ
	球根［8］	アイリス，アマリリス，グラジオラス，スイセン，ダリア，チューリップ，フリージア，ユリ
	苗［5］	カーネーション，キク，マーガレット，シンビジウムとデンドロビウムの組織培養苗
	苗木［3］	ツツジ，ツバキ，ボタン
	苗木／穂木［1］	バラ

る．主要な栽培植物 450 種を調べた結果，58.0％は種子繁殖性（うち 31 種は栄養繁殖も行う），栄養繁殖性は 42.0％（うち 22 種は種子繁殖も行う）であった（生井，1989）．

一方，植物本来の繁殖様式と栽培現場での繁殖手法は必ずしも一致しない．園芸植物は，形質が秀でた個体または芽条変異など個体の一部を栄養繁殖して品種としているものが多く，その植物が本来は種子繁殖性であっても，品種維持のため人為的に栄養繁殖する場合も多い．営利的に種苗の生産・販売を行う場合は種苗法および関連法規の規定に留意する必要があり，特に**表 5.1** に示した指定種苗の扱いにはいくつかの法的規制がある（4.2 節 **d.** 参照）．指定種苗とは，種苗法により，品質の識別を容易にするため販売時に一定事項の表示（種苗業者の氏名／名称と住所，種類名と品種名，生産地，数量，種子については採種日または有効期限と発芽率）を必要とする種苗で，農林水産大臣が指定する．改正種苗法が 2005（平成 17）年 6 月 27 日から施行され，それまで 128 種類だった指定種苗の範囲は大きく拡大され，食用農作物はすべてが対象となった．さらに，2004（平成 16）年の農薬取締法施行規則等の改正により，登録農薬（安全性等が確認され登録された農薬）の使用基準の遵守と，農薬使用履歴（種苗生産時からの履歴）の表示が義務づけられるようになった（農林水産省）．

5.1 種子繁殖

種子繁殖（seed propagation）の本体は，有性生殖を経て形成される種子である．繁殖に利用する種子は，遺伝的に固定されている必要がある．種子は，貯蔵や輸送が容易で，比較的簡便に大量の株を得ることができ，一・二年草を中心に広く繁殖に用いられている．種子の発芽条件として，水分，酸素，温度，一部の種では光があげられる．完熟種子の含水率は 10％以下であるが，発芽には 90％前後まで吸水する必要がある．オクラ，アサガオ，スイートピーなどの種子は硬実（こうじつ）（hard seed）と呼ばれ，種皮が硬く透水性が低いのですみやかな発芽には傷付けなど前処理が必要となる．種子は吸水後に膨潤し，その後代謝活性が高まるとともに呼吸速度が急速に増加するが，この時点で酸素が不足すると発芽が抑制される．抑制程度は種間差が大きく，ダイコンは沈水状態ではまったく発芽しないが，キンギョソウは 90％以上の発芽率を示す（藤伊，1975）．植物種により種子の発芽適温，発芽時の光要求性が異なり（**表 5.2**），好光性種子（明発芽種子：photoblastic seed, light germinating seed）は播種時の覆土はしないかごく薄く行い，嫌光性種子（暗発芽種子：negative photoblastic seed, dark germinating seed）は暗黒下でないと発芽しないので覆土が必要となる．発芽に光を要求する種子の光受容体はフィトクローム（phytochrome）であることが明らかになっており，赤色光（600 ～ 700 nm）に発芽促進，遠赤色光（700 ～ 750

ネーキッド種子
ホウレンソウでは，発芽促進のため種子（実際は果実）から外皮（果皮）を除去したネーキッド種子（naked seed）が市販されている．

表 5.2　種子発芽における光要求性と好適温度（安藤他，1993；廣瀬，1990 より）

発芽適温（℃）	好光性種子	嫌光性種子	中性種子
10〜15	アルメリア，ジギタリス，ダリア	ルピナス，ワスレナグサ	シロタエギク，ネメシア，ラベンダー
15〜20	レタス，セロリ，ニンジン，ミツバ，キンギョソウ，ベゴニア，デージー	ネギ，タマネギ，シクラメン，スイートピー，デルフィニウム	エンドウ，ホウレンソウ，アスター，コスモス，マリーゴールド
20〜25	キャベツ，ゴボウ，インパチェンス，カランコエ，エキザカム，ペチュニア	ダイコン，オシロイバナ，クロタネソウ，ジニア，ニチニチソウ	ソラマメ，フダンソウ，サルビア，ハボタン，ホオズキ，マツバボタン
25〜30	オジギソウ，グロキシニア，コリウス	スイカ，カボチャ，ナス，トマト，ピーマン，アマランサス，キンレンカ	チトーニア，ヒマワリ

表 5.3　種子処理の目的とその方法（伊東，1988 より）

目　的	方　法	備　考
休眠打破	洗浄処理	種皮などに発芽阻害物質がある場合に有効
	化学処理	レタスへのチオ尿素，ベゴニアへのジベレリン処理など
	温湿度処理	湿潤状態で低温処理（シソ，ヤグルマソウなど）
発芽促進・発芽勢強化	浸透圧処理	シード・プライミング処理と呼ばれるもので，無機塩溶液，PEGなどで種子周囲の水ポテンシャルを調整
	化学処理	硬実回避のための濃硫酸浸漬（スイートピーなど）
	機械的処理	磨傷・剥皮により硬実を回避（アサガオ，オクラ，ホウレンソウなど）
無病化	化学処理	殺菌剤処理（ナス類，ウリ類など），Na_2PO_4（トマト）
	温度処理	乾熱処理（トマト，キュウリ，スイカなど）
		温湯処理（アブラナ科野菜，トマトなど）
播種省力化	ペレット	微細種子，形状がいびつな種子などを，機械播種用に加工．同時に発芽率の向上などの効果も
	シードテープ	土中で容易に分解する素材のテープで種子をはさみ固定

nm）に発芽抑制の作用がある．

種子繁殖を行う際にさまざまな目的で種子処理が行われる（**表 5.3**）．このうち，種子周囲の水ポテンシャルを −1.0 〜 −1.5 MPa に調節することにより種子の吸水を制限し，播種後の発芽率と発芽の斉一度を高める処理をオ

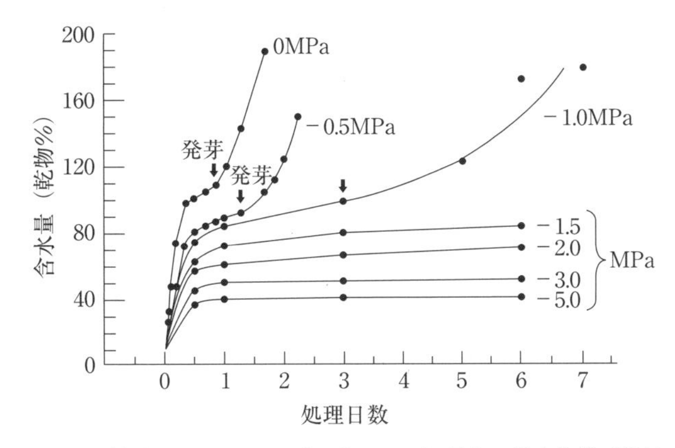

図 5.1 レタス種子の PEG-8000 プライミング処理中の吸水曲線（桝田，1997）

スモプライミング（osmo-priming）と呼ぶ（**図 5.1**）．処理中の種子は，吸水はしているものの幼根，幼芽の伸長が起きず，播種するとすみやかに発芽するようになる．

5.2 栄養繁殖

栄養繁殖（vegetative propagation）の本体は増殖しようとする親植物の器官またはその一部で，繁殖した個体（群）が母本と同じ遺伝形質をもつ場合にクローン（clone）と呼ばれる．突然変異により個体の一部の遺伝形質が変化すること（枝変わり，芽条変異）があるが，クローン増殖が目的の繁殖では変異芽条は除外する．栄養繁殖は，増殖効率は高くはないが，クローンを確実に増殖する手法として古くから実績がある．それぞれの手法には一長一短があり，例えば挿し木は挿し穂の発根が容易なら増殖効率が高い手法だが，発根困難な植物では用いることができず，このような植物を確実に増殖するには増殖効率が低く労力がかかる取り木により自根形成を促し，発根後に母本から分離するという方法をとらねばならない．

ラミート
同一クローンの各個体はラミート（ramet）と呼ぶ．

a. 挿し木

挿し木（cutting）は茎，葉，根などの器官の一部または全部を切り離して挿し穂とし，清潔で保水性，排水性が適切な用土に挿して新個体を得る方法である．挿し木の各種手法と技術的要点を**表 5.4** に示した．挿し木においては，挿し穂の発根が新個体形成の必須条件であり，挿し穂の発根には採穂する植物の生理的齢や挿し木後の環境管理が大きく影響する．一般に，挿し穂の生理的齢が若い，すなわち幼若性（juvenility）が強いほど発根しやすい．個体でみると茎・枝では幼若性は植物の根元ほど強く，先端ほど弱い．植物ホルモンのオーキシンは挿し穂の中で求基的に極性移動するため挿し穂の切り口付近に集積し，この集積したオーキシンの作用により形成層周辺で細胞分裂が誘起され，不定根原基が形成される．これに加え，挿し穂の適度

表 5.4　挿し木の種類と技術的要点（Hartmann, 1997 より）

<table>
<tr><th>植物タイプ</th><th>挿し木方法</th><th>おもな対象植物</th><th>挿し木時期</th><th>挿し穂の調整</th></tr>
<tr><td rowspan="5">木本類</td><td colspan="4">熟枝挿し（hardwood cutting）</td></tr>
<tr><td>落葉性樹木</td><td>ヤナギ，レンギョウ，サルスベリ，ハナミズキ，リンゴ，ナシなど</td><td>休眠期（晩秋～早春）</td><td>休眠中の熟枝から腋芽をつけ 2 節以上の 10～75 cm 長で</td></tr>
<tr><td>常緑性樹木</td><td>ビャクシン，イチイ，トウヒ，モミなど</td><td>休眠期（晩秋～晩冬）</td><td>休眠中の熟枝から 10～20 cm 長で</td></tr>
<tr><td>半熟枝挿し（semi–hardwood cutting）</td><td>セイヨウヒイラギ，トベラ，カンキツ類，オリーブなど</td><td>晩春～晩夏</td><td>完全に木化していない当年枝から 7.5～15 cm 長で</td></tr>
<tr><td>緑枝挿し（softwood cutting）</td><td>ライラック，カエデ，マグノリア，タニウツギ，リンゴ，ナシなど</td><td>晩冬～夏</td><td>若く，柔らかい新梢から 7.5～12.5 cm 長で</td></tr>
<tr><td rowspan="4">草本類</td><td>茎挿し（stem cutting）</td><td>ゼラニウム，ポインセチア，ディフェンバキア，キクなど</td><td>温室ならば周年</td><td>若く新しい茎から 7.5～12.5 cm 長で</td></tr>
<tr><td>葉挿し（leaf cutting）</td><td>ベゴニア，セントポーリア，サンセベリアなど</td><td>葉がある時期</td><td>葉身＋葉柄，葉身のみ，葉身の一部</td></tr>
<tr><td>葉芽挿し（leaf–bud cutting）</td><td>ブラックラズベリー，ボイセンベリー，ゴムノキ類など</td><td>生長が旺盛な時期</td><td>腋芽を含むように葉身＋葉柄またはさらに一部茎組織をつけて</td></tr>
<tr><td>根挿し（root cutting）</td><td>ケシ，ウド，サンゴジュ，ワサビダイコンなど</td><td>新根の生長が始まる前まで</td><td>植物種に応じて 2.5～15 cm の長さで根を調整．肉質の根は大きめに</td></tr>
</table>

表 5.5　挿し木繁殖において発根が困難な場合の発根促進処理（雨木，1995）

<table>
<tr><th colspan="2">発根促進処理</th><th>処理方法</th><th>対象植物</th><th>備　考</th></tr>
<tr><td rowspan="2">遮光処理</td><td>黄化処理（etiolation）</td><td>母株全体または部分を暗幕で覆う</td><td>シャクナゲ，プラタナスなど</td><td>光遮断後に伸びた枝は黄化徒長．黄化した枝から挿し穂を採取，調整</td></tr>
<tr><td>部分黄化処理（banding）</td><td>枝の基部を光不透過のテープで巻く</td><td>クレマチス，ライラックなど</td><td>光を遮断した部位が黄化・軟化．黄化部分で切断して挿し穂とする</td></tr>
<tr><td>減光処理</td><td>シェード（shading）</td><td>寒冷紗等で日射を 95% 以上カット</td><td>ハイビスカス，シェフレラなど</td><td>弱い光強度下で栽培し，軟化・徒長したシュートから挿し穂を採取，調整</td></tr>
<tr><td>薬剤処理</td><td colspan="2">オーキシン処理（auxin treatment）
［オーキシン製剤］
インドール酪酸
（商品名オキシベロン）
1–ナフチルアセトアミド
（商品名ルートン）</td><td>キク，ゼラニウム，ジンチョウゲ，アオキなど</td><td>［処理の方法］
・浸漬処理（soaking）：低濃度で数時間，穂の基部または全体を浸漬
・瞬間浸漬（quick–dipping）：高濃度で数～数十秒間，穂の基部を浸漬
・散布処理（spraying）：低濃度液を基部にスプレー処理
・粉衣（dusting）：穂の基部を濡らし，粉剤を付着させる</td></tr>
</table>

な吸水・蒸散，同化物の充分な供給，細胞分裂（カルス形成）に適した温度などが発根を促進する．発根までは挿し穂の吸水力は弱く，テントで覆ったり，ミスト（細霧）を施設内に噴射するなど，蒸散を抑えるため周囲の湿度を高める必要がある．高温は蒸散や呼吸を高めて挿し穂の消耗を早めるため，カルス形成に最適とされる20～25℃を目安に温度管理する．光量は対象植物の光補償点より高ければ問題なく，直射光下では気温上昇につながるため，通常は発根までは寒冷紗等で光量を抑える（雨木，1995）．挿し穂の発根が難しい植物種には，挿し木前に**表5.5**に示す発根促進処理を行う．

b. 取 り 木

取り木（layering）とは，挿し木では発根困難な植物種について，土中または空中で不定根発生を促し，発根後に親株から切り離して新個体とする方法である．確実な繁殖法であるが，新個体を得るまで時間と労力がかかり大量増殖には適さない．具体的な方法を**図5.2**に示した．株の枝を折り曲げ土中に埋めた部分から発根を促す方法を圧条法といい，普通取り（図5.2（a）：simple layering），撞木（しゅもく）取り（同図（d）：trench layering），波状取り（同図（e）：serpentine layering）などの手法がある．このほか，親株を切り返した後，新梢（しんしょう）が発生したら根元が埋まるまで土をかける盛り土法（同図（b）：mound layering, stool layering），空中の枝に環状剥皮（はくひ）（girdling, ringing）を行ってミズゴケ等で巻いて湿度を保ち不定根の発生を促す高取り法（同図（c）：air layering, marcotting）などがある．これらの手法により，枝が暗黒，適湿度下におかれ発根が促される．さらに発根を早めるため，発根させる部位に環状剥皮，切り込み，折り曲げ，針金巻きなどを行うこともある．

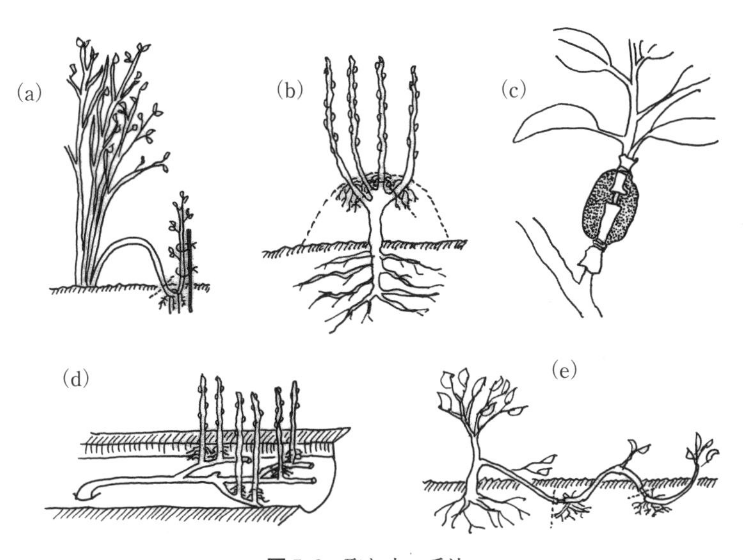

図5.2　取り木の手法
a：普通取り，b：盛り土法，c：高取り法，d：撞木取り，e：波状取り．

c. 接ぎ木・芽接ぎ

接ぎ木（grafting），芽接ぎ（budding）の成否は，穂（scion）と台（rootstock）の間の接着が重要なポイントで，接ぎ木，芽接ぎ時に両方の形成層を密着させ固定する．その後，穂，台の形成層から形成されたカルスが混じり合い癒合し活着する．癒合を促す温度，湿度，穂木の生理的状態などの条件は，挿し木に準じる．ただし，穂と台は近縁であるほど活着しやすく，組合せによっては遺伝的な接ぎ木不親和性を示し，台木の選択には十分な検討が必要である．接ぎ木の代表的な手法，切り接ぎ（veneer grafting），合わせ接ぎ（splice grafting），割り接ぎ（cleft grafting），呼び接ぎ／寄せ接ぎ（approach grafting）を**図 5.3**（a）～（d）に示した．芽接ぎは，少量の樹皮をつけた芽を穂とし，台木の樹皮をはがした部分に密着させるもので，はめ込み方などで T 字芽接ぎ（T-budding），I 字芽接ぎ（I-budding），はめ芽接ぎ（patch budding）と呼ばれる（図 5.3（e）～（h））．また，台木を掘り上げずにその場で接ぐのを居接ぎ（field-grafting），台木を掘り上げて接ぎ木を行うことを揚げ接ぎ（bench-grafting）という．呼び接ぎは，穂と台の活着がほかの方法では難しいときに行われ，穂と台を根つきのまま寄せて接ぎ，接ぎ木部の癒合を確認してから穂の下部，台の上部を切除して個体とする．接ぎ木は，挿し木ができないものの繁殖のほか，品種更新や樹勢調節（おもに果樹），土壌病害の回避や環境耐性の付与（おもに野菜，観賞植物）などさまざまな目的で行われる．

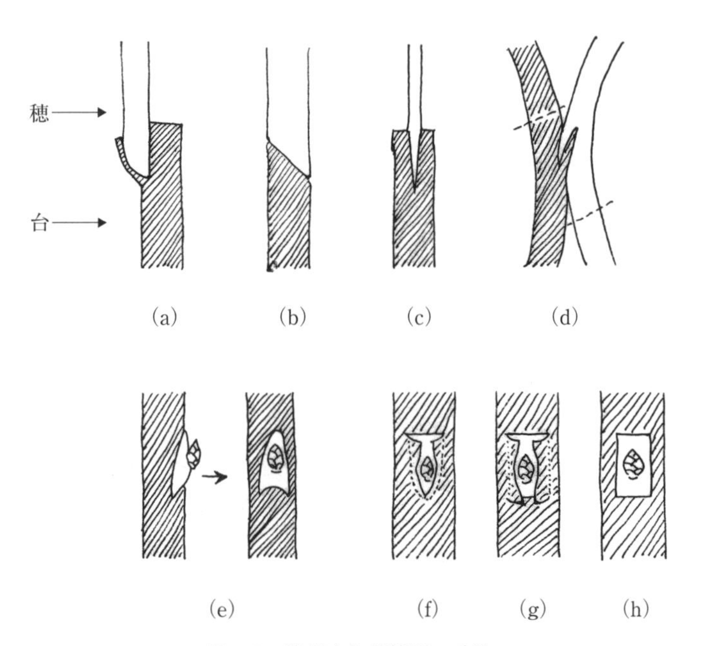

図 5.3 接ぎ木と芽接ぎの手法
a：切り接ぎ，b：合わせ接ぎ，c：割り接ぎ，d：呼び接ぎ，e：芽接ぎ部の側面と正面，f：丁子芽接ぎ，g：I 字芽接ぎ，h：パッチ接ぎ．

d. 株分け・分球

株分け・分球（division）は，芽と自然に出た根またはすぐに根として伸長を始める根源体をもつように株を分割し，増殖する方法である．ショウガ（根茎が繁殖体）やカトレア（シュードバルブが繁殖体）などは切り離して個体とするが，ジャガイモやチューリップのように自然に個体に分かれるものもある．また，イチゴ，タマシダなどの走出枝（runner），アジュガ，ジャガイモなどの匍匐枝（stolon），スイセン，パイナップルなどの短匍枝（offset），キク，ラズベリーなどの吸枝（sucker）など地際から発生する特殊な側枝は，芽と根または根原体をもち栄養繁殖に適している．切り花として用いられるストレリチア（*Strelitzia reginae*；ゴクラクチョウカ）は頂芽優勢性が強く，通常は大株になるのを待って株分けにより栄養繁殖する．短期間で多くのクローン苗が欲しい場合は，株の中心部にある茎頂部をナイフで縦に切れ込みを入れて傷つけると，頂芽優勢が打破されて腋芽が発達し，多くの小苗を得ることができる．

株分けの目的
株分けは増殖のほか，枝が叢生する植物では枝が混むと生育不良となるため，これを回避する目的で行うこともある．

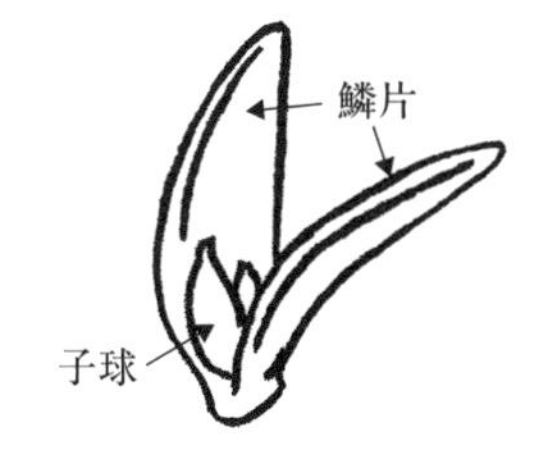

図 5.4 二鱗片挿し

球根類の中には自然分球しにくいものもあり，人為的に繁殖を行うこともある．人為繁殖法には，鱗茎類の鱗片繁殖や傷付け繁殖がある．ユリ類は鱗葉を1枚にして鱗片挿し（scaling）すると多くの子球が得られる．鱗片挿しでは子球形成率が低いものは，底盤部に数枚の鱗葉（片）がつくようにカットして挿す切片挿し（fractional scale-stem cutting）を行う．鱗片2枚の場合は二鱗片挿し（twin-scaling）と呼び，アマリリス，スイセンなどの増殖に用いられる（**図 5.4**）．また，自然分球をしにくいヒヤシンスでは，底盤部に傷をつけ不定的に子球を形成させる手法が古くから行われている．

底盤部に傷をつける方法
底盤部にナイフで切れ込みを入れるノッチング（notching），ボーラーで球根の中心部を打ち抜くコーリング（coring），底盤部をえぐりとるスクーピング（scooping）などの方法がある．

5.3 マイクロプロパゲーション

組織培養技術を用い，小さな組織片から「クローン植物を・短期間で・大量に増殖」することをマイクロプロパゲーション（micropropagation；微細繁殖）という．これは，次の4つのステップからなる．まず，増殖したい個体を選抜して組織片を採取し，①無菌化を図り，②無菌環境下で大量に増殖し，③増殖した個体を苗化し（葉，茎，根をもった個体とする），④無菌（培養容器内）環境から通常の環境への順化を行う（③と④を同時に行うこともある）．最初の①のステップでは，適切な殺菌剤を選択し，その濃度と処理時間を検討する．無菌化が達成されたら②の大量増殖のステップに入る．営利的な繁殖法を**表 5.6** にあげたが，本来の目的のクローン増殖のためには培養中の変異発生を避けることが必須で，現在は変異発生が少ないことが理由で営利生産の現場では腋芽誘導法が最も広く用いられている．プロトコーム体誘導法も実用レベルにあるが，この方法は着生性のラン科植物に限られる．培養中に起こる変異発生を制御する方法はまだなく，現状では変異発生が低い増殖方法を選択せざるを得ない．また，③と④の過程は，このシ

表 5.6　組織培養による種苗大量増殖技術の比較（大澤，1988 より）

項　目	腋芽誘導法	プロトコーム体誘導法	苗条原基誘導法	不定芽誘導法	不定胚誘導法
増殖体	腋生シュート	プロトコーム様球体（PLB）	苗条原基集塊（SP）	不定芽	体細胞不定胚
培養部位	茎頂，腋芽を含む部位	茎頂（0.2〜0.5 mm）	茎頂（0.2〜0.5 mm）	外植体はどこでも可	外植体はどこでも可
再生の本体	腋芽が伸長したシュート	茎頂外植体の PLB 化	茎頂外植体の苗条原基化	外植体から直接またはカルスを経由して茎頂形成	外植体の細胞またはそのカルスの細胞が胚的発育
起源の細胞	葉腋部の腋芽	頂端分裂組織と葉原基腋部の分裂組織	頂端分裂組織と葉原基腋部の分裂組織	外植体組織または由来カルス（多細胞）	外植体組織または由来カルス（単細胞）
外観の識別	叢生の多芽体．腋芽が伸長したシュートの腋芽がさらにシュートとなるため．徒長シュートを横倒ししたり，節培養により増殖	緑色，球状の集塊．静置培養では植物を再生するが，液体振とう培養により PLB 表面から二次的に PLB が増殖する	形状は金平糖状で緑色のゴロゴロした集塊．液体回転培養により SP 表面から二次的に SP が増殖する	外植体または誘導カルスの表面に不定芽形成．茎葉と根の形成は同時でなく，外植体と維管束連絡があり，容易に分離しない	外植体または誘導カルスの表面に不定胚形成．子葉，胚軸，幼根が同時に形成．外植体と維管束連絡なく，容易に分離する
増殖時のおもな培養法	固体培地・静置培養	液体培地・振とう培養	液体培地・回転培養	固体培地・静置培養	液体培地・振とう培養
方法の特徴	シュートそのもの，またはシュートの節部（腋芽を含む）を切り分け，繰り返し継代培養	PLBを1/4 程度に分割し，増殖は液体培地で60〜80rpmで振とう培養，繰り返し分割，継代培養	茎頂をオーキシン，サイトカイニンを添加した液体培地で 2 rpm で回転培養，繰り返し分割，継代培養	適切な植物ホルモンを添加した培地に外植体を置床し，直接またはカルスを経由して不定芽を誘導	外植体の細胞，誘導カルスの懸濁細胞に，ストレスまたは植物ホルモンの刺激を与え，不定胚を誘導
増殖効率	低	高	高	高	高
変異発生率	0.03〜0.003%	0.3〜0.03%	0.3〜0.03%	30〜3%	30〜3%
営利生産場面での利用状況など	カーネーション，観葉植物など多くの観賞植物など，植物一般に適用可能．変異発生が少ないことから，営利的培養苗生産で現在最も広く利用される	対象植物は PLB 誘導可能なラン科植物に限定．比較的変異の発生が低いことから，シンビジウム，オンシジウムなど多数のランで実用的に利用	メロン，アスパラガスなど手法が確立している種はあるが，実用的利用は現状では少ない．営利的培養苗生産への今後の普及が期待されている	一般的に変異の多発がネックとなり，普及していない．アンスリウム，フキなど特定の植物種では変異発生率の低い手法が開発，実用化されている	セロリ，シクラメンでは手法がほぼ確立．その他の種では研究段階で，実用的利用にはいたっていない．現状では変異の多発が問題視されている

ステムでつくられる苗の生産コストに大きく影響するステップであるが，研究情報が不足しており，培養環境の制御や順化方法についてはまだまだ改善の余地があり，コスト低減のために今後さらに検討していく必要がある．

［雨木若慶］

文　　献

1)　生井兵治（1989）：植物遺伝資源集成第 1 巻（松尾孝嶺監修），p.288−297，講談社サイエンティフィク．

2) 農林水産省品種登録ホームページ：http://www.hinsyu2.maff.go.jp/
3) 藤伊　正（1975）：植物の休眠と発芽，p.101，東京大学出版会.
4) 安藤敏夫・農耕と園芸編集部（1993）：花の成型苗生産と利用，p.56-59，誠文堂新光社.
5) 廣瀬忠彦（1990）：蔬菜園芸学（伊東　正ら編著），p.76-80，川島書店.
6) 伊東　正（1988）：ハイテクによる野菜の採種（そ菜種子生産研究会編），p.261-270，誠文堂新光社.
7) 桝田正治（1997）：園芸種苗生産学（今西英雄・田中道男編著），p.18-23，朝倉書店.
8) Hartmann, H. T. *et al.* (1997)：*Plant Propagation*：*Principles and Practices 6th ed.* p.330-344, Prentice Hall.
9) 雨木若慶（1995）：草花—教師用指導書—（樋口春三編著），p.61-68，農山漁村文化協会.
10) 大澤勝次（1988）：農業および園芸，**63**：92-96.

発育の生理

〔キーワード〕 生活環，成長パターン，栄養成長，生殖成長，休眠，花熟，光周性，日長反応，春化作用（バーナリゼーション），結実，果実の成長・成熟

植物が成長，あるいは発育するとよくいわれる．成長（growth）とは生体の体積や重量が非可逆的に量的に増加することである．発育（development）とは植物が時間が経つにつれて量的・質的に育つことであり，成長と平行して，新しい細胞，組織，器官の分化（differentiation）・発達（development）などが入り組んだ複合した過程をさす．単に茎が伸びたり，葉の数が増えていくのは成長であるが，成長にともなって葉腋に芽，つまり腋芽が形成されたり，茎頂に花芽が分化したりするのは発育になる．成長と発育を併せた意味で，生育（growth and development）という言葉もよく使われる．園芸作物の発育の過程と発育に関与している外的な環境要因と内的な要因について知ることは重要である．

6.1 植物の生活環

種子から発芽して生じた幼植物を実生（みしょう）（seedling）というが，実生は地上に茎を伸ばして葉を次々と展開し，地下には根を伸ばす．やがて花を咲かせて再び種子を形成し，脱離して一生を終える．この生まれてから死ぬまでにたどる過程を生活環（life cycle）あるいは生活史（life history）という．園芸作物の生活環は一年生のものから永年生のものまでさまざまである．

a. 生　活　環

植物の種はそれぞれ固有の生活環，生活史をもっている．一年生の植物を例にとると，**図6.1**のようになる．種子が播かれると，発芽後，地下では根が伸び，地上部では葉の分化と茎の伸長が進む．このように葉・茎・根の成長が進む過程を栄養成長（vegetative growth）という．栄養成長の初期，幼植物の段階では，どのような条件におかれても花芽形成がみられない．このような成長段階にある植物は，幼若期（相）あるいは幼期（juvenile phase）にあるという．成長が進むと，植物は花芽を形成する能力をもつようになる．このとき，植物は花熟状態（ripeness to flower）に達したとされ，これ以降の段階にある植物は成熟期（相）あるいは成期（adult phase）にあるという．

花熟に達した植物は，適当な条件におかれると花芽形成を始める．この形

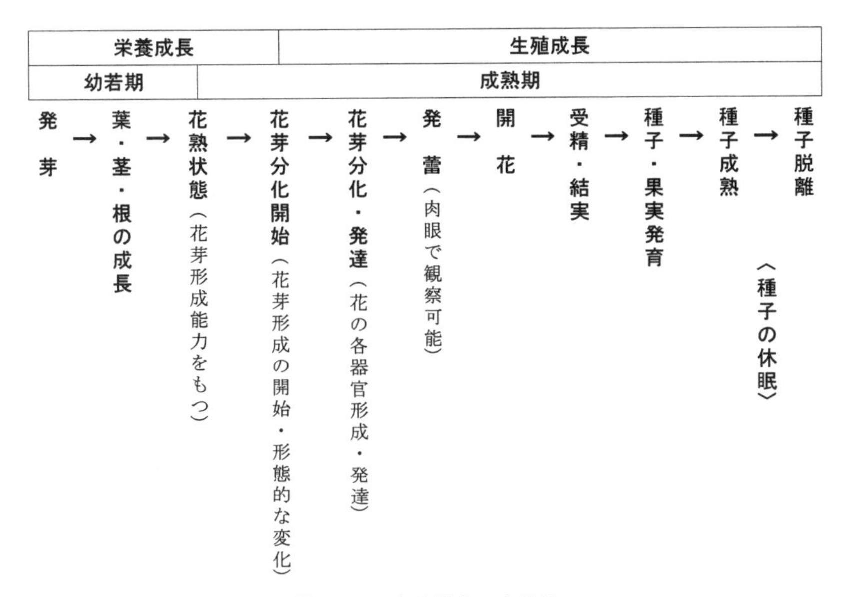

図 6.1　一年生植物の生活環

態的な変化が始まった時期を花芽分化開始期（flower bud initiation）という．引き続き，花の各器官が形成されて発達する．この過程を花芽分化・発達（flower bud differentiation and development）と呼ぶ．花芽はやがて肉眼で認められる発蕾（はつらい）（flower emergence）の段階を経て，開花（anthesis）に至る．開花後は受精・結実して種子が形成・成熟する．花芽の分化開始後，種子の成熟に至るまでの一連の成長過程を生殖成長（reproductive growth）という．

b.　成長パターン

一年生植物の場合，種子から種子までのサイクルが完結し，生活環の完結に要する時間は 1 年以内である．その成長パターンは夏型と冬型に分けられる．夏型のものは，非耐寒性で春から夏にかけて成長し，秋に開花・結実して，冬の低温期に休眠する．冬型のものは耐寒性で，冬の低温期には緩慢な成長を示し，春になって気温が上昇すると茎が伸長して開花し，夏の高温乾燥期に休眠する．前者が春播き一年草あるいは春播き野菜，後者が秋播き一年草，秋播き野菜になる（**図 6.2**（a））．栄養成長期間が長く，開花・結実までに 1 年以上を要し，2 年以内に枯死する植物が二年生植物，二年草になる（図 6.2（b））．

これに対し，多年生の草本植物は種子の時代から 1 年または数年を経て開花，結実し，それ以降は毎年，越年した株から成長を開始して開花，結実を繰り返す草本性の植物であり（図 6.2（c）），宿根草，球根（野菜の塊茎・塊根類を含む）になる．多年生の木本植物は種子の時代からふつうは数年，長いと数十年を経て開花結実し，それ以降は毎年，開花結実を繰り返す木本の植物である（図 6.2（d））．果樹，花木類がこれにあたる．

一回結実性（一稔性）植物（monocarpic plant）と多回結実性（多稔性）植物（polycarpic plants）
開花，結実の回数を問題にした分類で，前者は 1 回開花，結実すれば枯死してしまう植物である．一・二年生植物だけでなく，タケのように 100 年近くかかって開花し，開花すると枯死する植物まで含まれる．後者は開花，結実を毎年繰り返す植物であり，多年生草本植物と木本植物とになる．

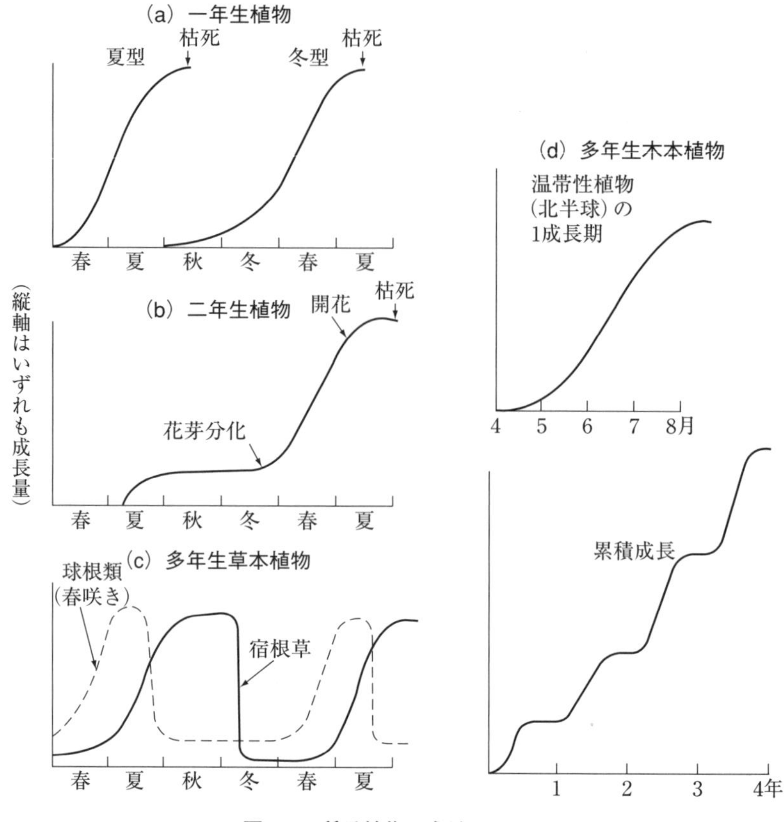

図 6.2　種子植物の成長パターン

c. 休　　眠

「休眠とは分裂組織を含む何らかの植物器官が眼に見える成長を一時的に停止していること」と定義され（Lang ら，1987），休眠する器官としては頂芽，側芽，根，種子がその対象となり，栄養芽だけでなく花芽も含まれている．

休眠には，植物体内の生理的な条件に左右されるものと，環境によって制御されるものとの２つのタイプがある．前者は，器官自体の生理的要因によって発芽や成長に好適な外的条件下におかれても成長が停止状態にある場合で，自発休眠（endodormancy）という．これに対し，後者は高温や低温，水分欠乏といった不適当な環境要因が植物器官の成長を阻害している場合であり，これを他発休眠（ecodormancy）と呼ぶ．

他発休眠
強制休眠ともいわれる．

(1)　種子の休眠

種子の休眠は，不良環境を生き延びるための手段であり，適応の１つのかたちである．春に熟した種子が夏の高温乾燥する地域ですぐに発芽すると，死んでしまう．春播きの一年草が秋に開花して結実し，そのまま発芽すれば，冬の寒い地域では枯死してしまうことになる．種子から発芽して生じた幼植物，実生が成長可能な季節まで，不良環境の間は発芽せず，休眠状態を保つという現象は野生の植物で広くみられるが，一・二年草や野菜の種子では，強い休眠性を示すものは少なく，ふつうは乾燥貯蔵中に休眠が次第に浅くなるものが多い．

(2) 芽の休眠とその打破

果樹や花木の中で，秋に落葉する樹木の芽は春に萌芽し，秋から冬にかけて冬芽と呼ばれる休眠芽を形成して休眠に入る（**図 6.3**）．この芽を成長に好適な環境条件において萌芽してこないとき，芽の自発休眠は最も深い．その後，冬期の低温・湿潤といった条件にあって休眠は覚醒し，初めて萌芽するようになり，自発休眠期は終わる．しかし，休眠が破れていても，早春の温度が低すぎると成長できない．このときは低温が成長を阻害しているので，先述のように他発休眠になる．

春植えの球根類でも，短日条件下で地下に肥大した器官の形成が誘導され，休眠に入るものがある．ダリアがその例で，日長が 11 時間以下になると塊根が形成されて，地上部の成長が停止する（**図 6.4**）．一方，グラジオラスのように，開花後に球の肥大が進むとともに休眠に入っていく種類も多い．キクなどの宿根草では，葉の分化は続くが，節間伸長がみられないロゼット（rosette）になり，成長を停止したような状態になる．イチゴでも

ロゼット
葉の形がバラ（rose）の花のように見えることに由来している．

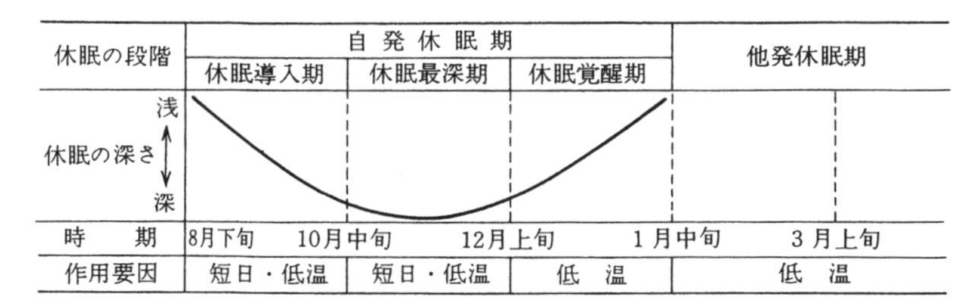

図 6.3　落葉果樹類の休眠の様相の模式図（斎藤他，1992）

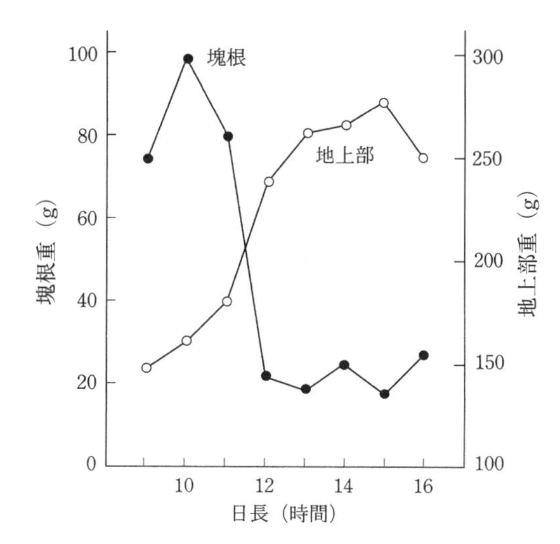

図 6.4　ダリアの成長と塊根形成に及ぼす日長の影響（Moser and Hess, 1968）
日長が 12 時間以上では地上部の成長が続き，11 時間以下では成長が停止し，地下に塊根が形成される．

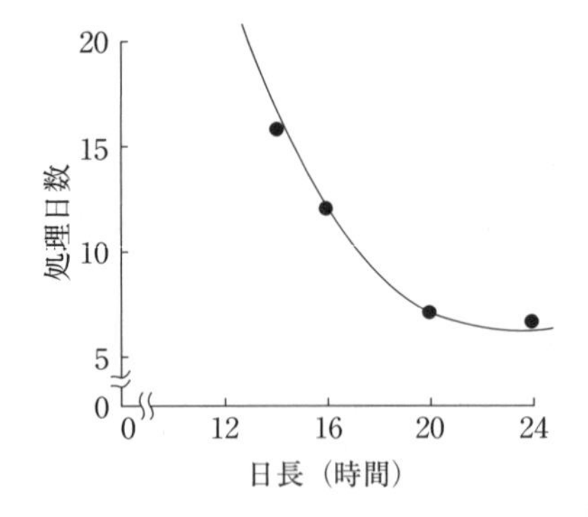

図 6.5　タマネギの鱗茎形成に必要な日長と処理日数との関係（加藤，1967）
処理温度は24℃．12時間以下の日長では鱗茎は形成されない．

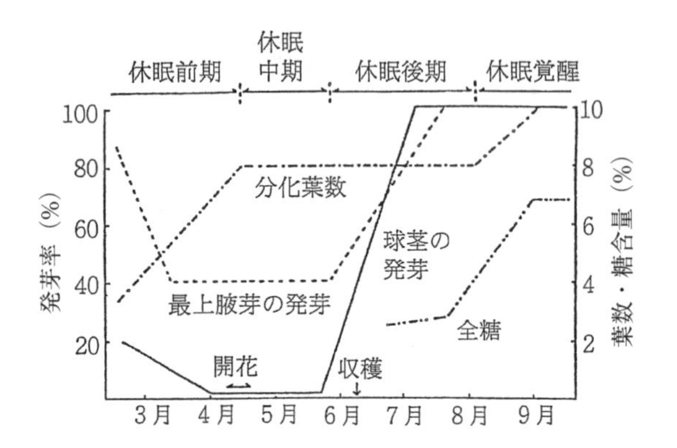

図 6.6　フリージアの休眠程度を示す模式図（金子・今西，1985）

葉が小さく，葉柄が短くなり，ロゼット状態になる．このようなさまざまな休眠器官を形成して，冬の寒さを生き延びるため秋～冬期に休眠する．このような冬休眠型の植物では，休眠は冬の低温を受けて打破される．

逆に秋植えの球根類では，冬の低温で球根形成が誘導されて，初夏の収穫期には休眠に入っているものが多い．長日条件が球根形成を誘導して休眠に向かわせるのがタマネギ，ニンニクなどである（**図 6.5**）．これらの夏休眠型の植物では，夏の高温により休眠が打破される．フリージアの例では，夏の自然高温（25 ～ 35℃）を受けて，発芽率が高まり，発芽も早くなり休眠が破れる（**図 6.6**）．

d.　栄養器官の形成と発達

種子が発芽すると，幼根は地中に，幼芽は地上に向かってそれぞれ伸び，活発な栄養成長をする．栄養成長を担う根・茎・葉はまとめて栄養器官と呼ばれる．

(1)　根

根は，ふつう地中に伸びて，植物体を支える支持の機能，土壌からの水と養分の吸収の機能と物質の通導の機能をもつ．胚の幼根がそのまま発達して

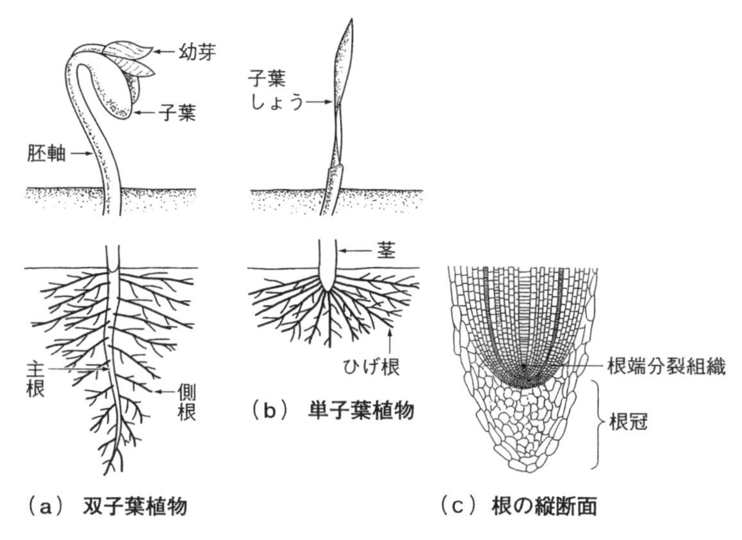

図 6.7 発芽と根の発達

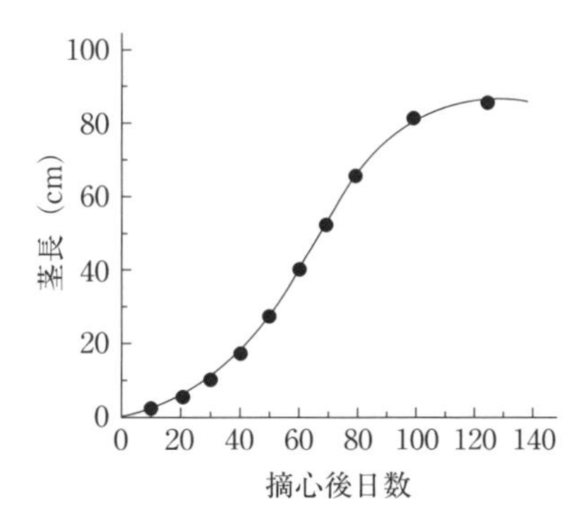

図 6.8 カーネーションの茎の伸長曲線（小西，1982）

太くなったものを主根といい，裸子植物，双子葉植物（子葉の数が2枚）でよく伸びて長く生き残り，これから分岐した側根がつくられる（**図 6.7** (a)）．一方，単子葉植物の多くでは，主根の成長が早く止まり，茎の基部面に冠根または節根と呼ばれる不定根が多数発生して，いわゆるひげ根がつくられる（図 6.7 (b)）．なお，根の先端部は，帽子状の根冠と呼ばれる保護組織と根の成長点にあたる根端分裂組織からなっている（図 6.7 (c)）．

(2) 茎と葉

茎頂分裂組織においては葉原基の形成と茎軸の伸長がみられ，茎軸は通常S字型成長曲線（sigmoid growth curve）を描いて伸長する（**図 6.8**）．葉が茎につく節と節間が形成され，節の直上の葉腋にある腋芽が成長して側枝となり，分枝がみられる．ただ，頂芽が旺盛に伸長しているときには，頂芽に近い腋芽の伸長が抑制され，頂芽優勢（apical dominance）という．葉は，葉緑体であらゆる生命の源ともいえる光合成を営むとともに，蒸散，呼吸の働きも行っている．茎は，根と葉，あるいは茎頂との間で，通導の役割を果たしており，根からの養水分は道管を，葉でできた光合成産物は師管を通って流れる.

(3)　栄養成長と環境要因

地上部の成長には，光合成と養水分の吸収が必須であり，光・温度・水・空気などの気候要因と土質・pH・物理性・無機塩などの土壌要因が影響し，さらに雑草・病原菌・害虫・土壌微生物などの生物要因も関与する．これらの環境要因が単独あるいは相互に影響して，植物の成長を制御しており，この段階では，環境要因を栄養成長にとって好適であるように維持することが重要である．この点については第7章で詳しく述べられる．

e.　花の形成と発達

花は生殖器官と呼ばれ，雌ずい，雄ずい，花弁とがく片，それらをつける台座である花床（花托）からなる．チューリップの花のように，花弁とがく片の形に違いがないとき，外側にあるものを外花被片，内側のものを内花被片という．

(1)　花芽分化開始とその時期

葉原基の分化を続けていた茎頂の最頂部の細胞分裂が盛んとなり，円錐状に肥厚・隆起してドーム状となり，あるいは扁平となり，形態上の変化がみられたときを花芽分化開始という（**図 6.9**）．この時期は顕微鏡下でしか確認できないが，葉の分化が止まり，栄養成長から生殖成長に形態的に転換する時期である．

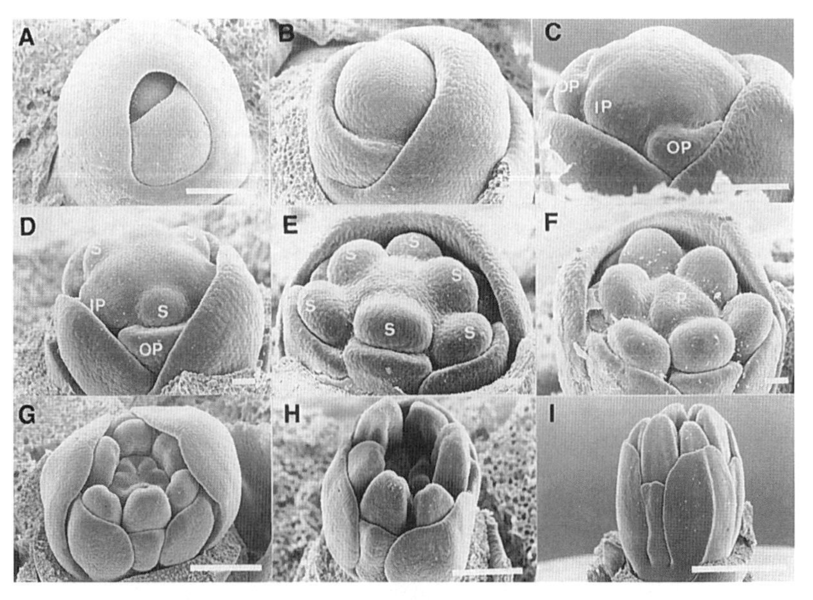

図 6.9　チューリップの花芽形成過程（Fukai and Goi, 2001）
A：栄養成長段階の茎頂部（60 倍，横棒＝500 μm），B：茎頂が膨大（100 倍），C：花被原基が出現（150 倍，横棒＝200 μm），D：外側の雄ずい原基が出現（100 倍，横棒＝100 μm），E：内側の雄ずい原基が出現（100 倍），F：雌ずい原基が形成（100 倍，横棒＝100 μm），G：雌ずい原基が発達（60 倍，横棒＝500 μm），H：雄ずいが上方へ伸長（40 倍，横棒＝1 mm），I：花被が次第に雄ずいを覆う（40 倍，横棒＝1 mm）.
OP：外花被，IP：内花被，S：雄ずい，P：雌ずい．

表6.1 おもな園芸植物の花芽分化開始期と開花期

植　物	種類（品種）	花芽分化開始期	開花期
宿根草	リンドウ	5月中旬	7月中旬
	キキョウ(五月雨)	5月中旬	6月中旬
	シャクヤク	8月中旬～下旬	翌年5月上旬
	キク（中生）	8月下旬	10月中旬
	ハナショウブ	3月上旬	6月上旬
球根類	グラジオラス	5月中旬	7月下旬
	ヒガンバナ	4月下旬	9月下旬
	チューリップ	6月下旬	翌年4月中旬
	フリージア	11月上旬	翌年4月中旬
	テッポウユリ	3月下旬	6月上旬
果　樹	ミカン	1月上旬～3月中旬	5月
	ブドウ	5月下旬～6月	翌年5月下旬
	ニホンナシ	6月中旬～下旬	翌年4月中旬
	リンゴ	7月中旬～8月中旬	翌年5月
	カキ	7月下旬～8月上旬	翌年5月中旬
	モモ	8月上旬～中旬	翌年4月上旬
花　木	ムクゲ	4月下旬	7月下旬～9月
	フジ	5月下旬～6月	翌年4月下旬
	ツツジ類	6月下旬～8月中旬	翌年4月上旬～5月
	サクラ(ソメイヨシノ)	7月下旬	翌年4月上旬
	ウメ	7月上旬～8月上旬	翌年2～3月
	キンモクセイ	8月上旬	10月上旬
	アジサイ	10月上旬～中旬	翌年6月上旬～7月

花芽分化が1年のいつ始まるかは，園芸作物の種類によってほぼ決まっている（**表6.1**）．これには，環境要因の季節的変化が関与していることが多い．

(2) 花芽の発達

生殖成長に移ると，花を形づくる器官が外側から順にがく片，花弁，雄ずい，雌ずいと内側に順次形成され，発達する（図6.9）．雌ずいが形成された段階で花芽が完成したとされ，花器完成ということが多い．その後，雄ずいは花粉を入れる葯とそれを支える花糸に分かれ，葯では花粉母細胞，花粉四分子，花粉粒が形成される．

花器形成の順序
アヤメ科，アブラナ科などの作物では，雄ずいが花弁（内花被）よりも先に形成される．

(3) 開花・開葯

花蕾（からい）が成熟し，外的条件が適当であると花冠はすみやかに伸長し，展開して開花に至る．葯が裂開した時（開葯）を開花（anthesis）とする場合も多い．いつ開花するかは，その年の気候により多少の変動はあるが，園芸作物によってほぼ決まっている（表6.1）．春播き一年草，多くの宿根草，春植え球根では，春から夏にかけて花芽を分化し，比較的短期間で花器を完成して，当年に開花する．一方，果樹・花木の大部分，秋植え球根，秋播き一年草では，花芽分化後に冬の低温期を経過して，翌年に開花する．春植え球根と秋植え球根の例を**図6.10**に示す．

1日のうち，花冠が展開して開花する時刻は植物の種類でほぼ決まっている．開花前日の日没後からの暗黒の継続時間が関係しているものとして，ア

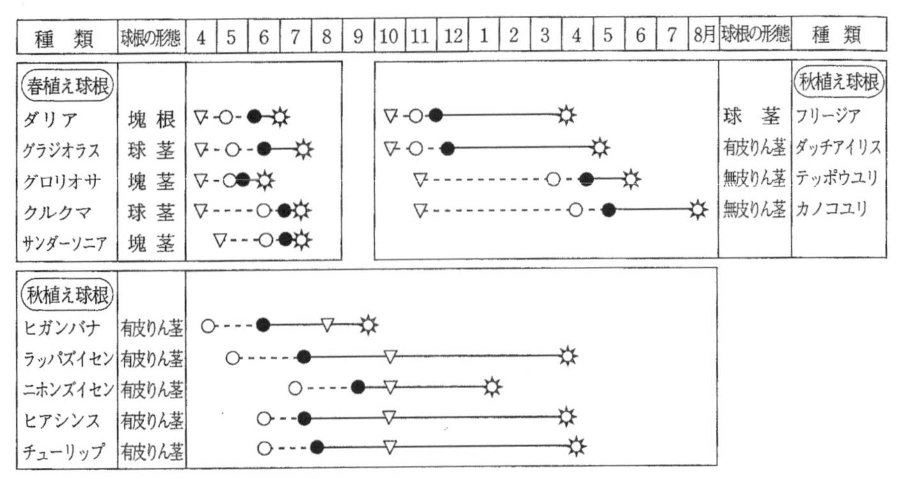

図6.10　おもな球根の花芽分化開始期と発達の過程（今西，2005）

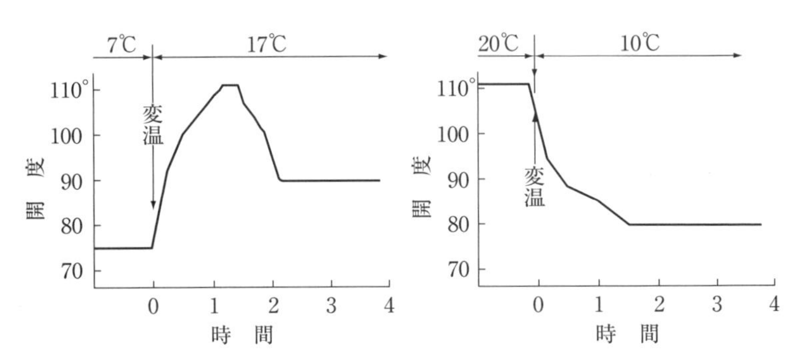

図6.11　チューリップの花被の開閉に対する温度変化の影響（Wood，1953）
高温になると花が開き，逆に低温になると閉じる．朝，太陽光を受けて温度が高くなると開花し，夕方，温度が下がると閉花する．

サガオでは約10時間，カボチャでは6～7時間で開花する．チューリップ，クロッカスなどでは温度の変化が関係し，高温で開花し，低温で閉花する（**図6.11**）．ツキミソウ，マツヨイグサなどのように，夕方に開花するものでは，光強度の低下が関与し，開花時刻は日没の時刻とほぼ一致している．

6.2　開花の生理

多くの植物は，毎年，ほぼ決まった時期に開花する．これには，環境要因の季節的変化が関与していることが多い．温帯では，季節の変化を測る要因として，日長と温度が最も重要である．その前に，栄養成長から生殖成長に移り，開花に至るには，まず植物体が日長，温度といった環境要因の刺激を受けて反応し得る状態，すなわち花熟に達する必要がある．

果実を収穫する果樹や果菜類，花を食用とする花菜類では，開花が前提となる．花を観賞の対象とする花卉では，開花の時期を調節することが重要となる．また．野菜などの種子を採る場合には，まず花を咲かせることが必要である．このように，園芸作物では開花の生理を知ることが重要である．

図6.12 ツタの葉形の変化

a. 花 熟

植物体は必要な齢あるいは大きさに達したとき，初めて花芽形成が可能になる．「桃栗3年，柿8年」は，種子を播いてから花が咲き，実を結ぶまでに必要な年数を示している．つまり，この間は花芽形成が起こらない成長期間，つまり幼若期（相）であり，その期間が非常に長い果樹の例である．このような特性を幼若性（juvenility）といい，この年数を過ぎると花芽を形成する能力をもつようになる．このとき，植物は花熟に達したとされ，開花能力をもつようになった植物は，成熟期（相）にあるという．

(1) 花熟の判定

植物によっては，成長にともなって葉や茎の形態が変化することはよく知られている．例えば，セイヨウキヅタ（*Hedera helix*）では，幼若期にある葉と成熟期の葉は異なっている（**図6.12**）．このように，形態で区別できる場合は例外であり，多くの植物では花熟に達したかどうかを外見から評価することができない．実際に種子を播いてから開花するまでの年数を確かめたり，播種後の日数，つまり大きさの異なる苗を花芽形成に好適な条件において，開花するかどうかを調べて判断することになる．

(2) 花熟に達するまでの長さ

花熟に達するまでの時間的な長さ，つまり幼若相の長さは，作物の種類や品種によって著しく異なる．最も長い例が先述のタケの例であり，数十年を経過しないと開花しない．次に長いのが，果樹や花木類の多年生木本植物であり，数年を要する．ただ，接ぎ木や挿し木により増殖すると，開花までの年数は短縮される．

果樹では実生の成長にともなって，花がつかない幼若（幼木）期を経て，初めて花をつけ結実する結果年齢，ここでいう花熟に達する．樹齢の経過と

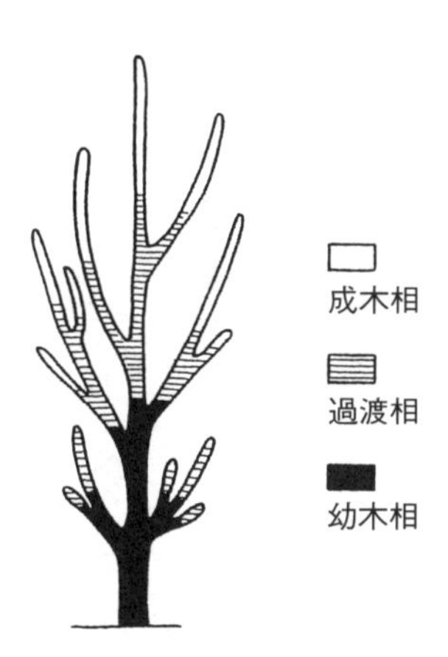

図6.13 リンゴ実生の幼木期，過渡期および成木期の変換模式図（Passecker，1949；斉藤他，1992）

ともに，木は次第に大きくなって，着果量は多くなり，毎年ほぼ一定になる．この時期は成木（盛果）期といわれる．このような幼木期から成木期への移行は，実生の成長にともない，主茎（幹）の縦軸に沿って茎頂分裂組織部から徐々に起こるものである．ふつうは**図 6.13** のリンゴ実生の例のように，幼木期と成木期が同じ個体上に混在することになり，その間に一定期間の過渡期（transition phase）が存在すると考えられている．なお，果樹の種類により異なるが，結果年齢は 2 ～ 6 年であり，盛果期は 8 ～ 40 年である（**表 6.2**）．

多年生草本植物でも，種子から育てると開花するようになるまで数年を要する場合がある．たとえば球根類のチューリップでは，実生から開花に至る

チューリップの球根養成
チューリップの場合，ふつう 2 年で球根が小さくなり，本葉を 1 枚だけつくるようになってしまう．そのため，球根を大きくする目的で，別に球根を養成する栽培が行われる．

表 6.2　おもな果樹の結果開始年齢と盛果期（杉浦，2004 より）

種　類	結果開始年齢	盛果期（年）
モ　モ	2～3	8～20
ブドウ	2～3	8～25
イチジク	3～4	8～25
ニホンナシ	3～4	10～30
ク　リ	3～4	10～30
ウ　メ	3～4	10～30
ウンシュウミカン	4～5	15～40
カ　キ	4～6	15～40
セイヨウナシ	5～6	15～30
リンゴ	5～6	15～40

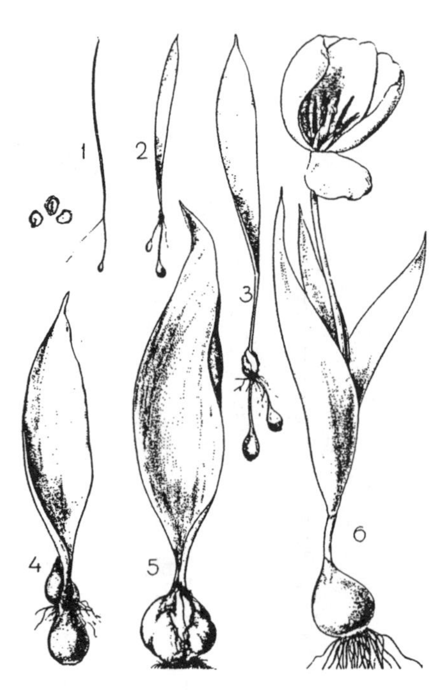

図 6.14　チューリップの種子が開花するまでの発達過程
数字は播種後の年数を示す．

までに数年を要する．幼若相にある小球では，大きくて比較的幅が広い本葉が1枚形成されるだけである．茎頂は新しい球根の形成に移り，この本葉の葉鞘部は新球の褐色の外皮となる．このような生育を4～5年繰り返して，初めて開花が可能となる（**図6.14**）．開花が可能になる大きさに達すると，その後は，毎年花を咲かせることができる．

幼若相が短いのは一・二年生植物であり，一年草では播種後1年以内に開花して枯死することから，播種後の比較的早い，つまり小さな苗の段階で花熟に達する．これに対し，二年草では幼若相が長く，秋に種子を播いても翌春には開花しない．もう1年成長して大きくなり，初めて冬の自然低温に反応して花芽を形成し，翌々春に開花するのである（前節の図6.2（b）参照）．

b. 光 周 性

1日の明期の長さ，つまり日長により開花が促進されたり，抑制されたりすることが知られており，このような植物の性質を光周性（photoperiodism）または日長反応（photoperiodic response）という．なお，季節により変化する自然日長は，植物は朝夕の弱い光にも感応するため，その土地の日の出から日没までの時間に40分を加えた値と考えればよい．

光周性の発見
光周性は，1920年にアメリカ農務省の研究者ガーナー（Garner）とアラード（Allard）により発見された．

(1) 日長反応による植物の分類

光周反応の型は，基本的には短日・長日・中性植物の3つに分かれる．

① 短日植物（short day plant）： 日の長さが短くなると花芽を分化し，開花する種類．秋咲きの種類に多い．

② 長日植物（long day plant）： 日の長さが長くなると花芽を分化し，開花する種類．春咲きの種類に多い．

③ 中性植物（day neutral plant）： 日の長さに関係なく，ある大きさになれば開花する種類．

特殊な光周反応の型
・長短日植物（long-short day plant）：一定期間の長日に続いて短日が与えられたときのみ花芽を形成する種類．多肉植物のコダカラベンケイ（*Bryophyllum daigremontianum*），ヤコウカ（*Cestrum nocturnum*）がその例．
・短長日植物（short-long day plant）：一定期間の短日に続いて長日が与えられたときのみ花芽を形成する種類．ホタルブクロ（*Campanula punctata*），マツムシソウ（*Scabiosa japonica*），クローバーなど．

短日あるいは長日植物は，さらに質的あるいは絶対的な反応を示すものと量的あるいは相対的な反応を示すものに分かれる．ある一定以下の日長におかれないと開花しないものが質的（絶対的）短日植物（qualitative or obligate short day plant）であり，逆に一定以上の日長におかれないと開花しないものが質的（絶対的）長日植物である．この境目となる日長を限界日長（critical daylength）という．これに対し，最終的には短日下でも長日下でも開花するが，開花が短日の方が早いものを量的（相対的）短日植物（quantitative or facultative short day plant），長日の方が早いものを量的（相対的）長日植物という（**図6.15**）．なお，それぞれの代表例を**表6.3**に示す．

近年，花卉では育種が進むにつれ，特に一年草では，本来質的な反応を示すものが改良され，量的な反応を示す品種が増えている．野菜では，ホウレンソウやレタスは長日植物であり，採種のためには長日処理が必要となる．青ジソは短日植物のため，葉をとるには長日処理をしている．これら野菜の日長反応はいずれも質的な反応である．一方，トマト，キュウリをはじめ果

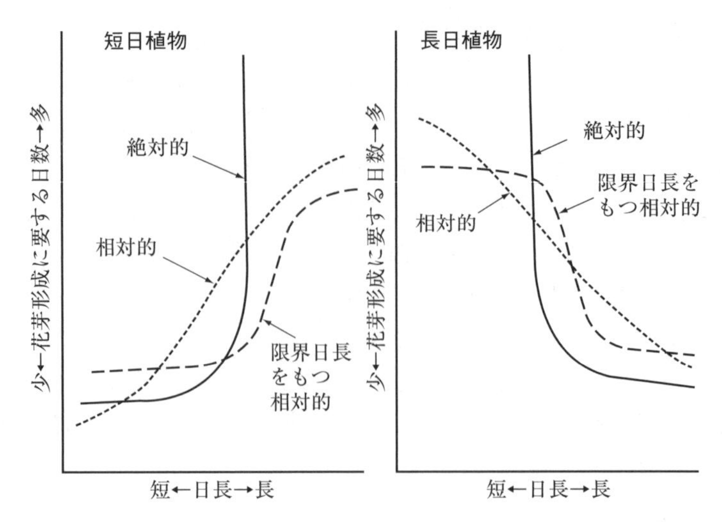

図 6.15　短日および長日植物の日長反応性による分類（滝本，1973）

表 6.3　日長反応性による野菜と花卉の分類

短日植物	質的（絶対的）	シソ，イチゴ，秋ギク，カランコエ，ポインセチア，シャコバサボテン，エラチオールベゴニア
	量的（相対的）	夏ギク，サルビア，ケイトウ，コスモス，マリーゴールド
長日植物	質的（絶対的）	ホウレンソウ，シュンギク，シュッコンスイートピー，フクシア
	量的（相対的）	カーネーション，トルコギキョウ，ペチュニア，キンギョソウ
中性植物		トマト，キュウリ，ナス，ピーマン，バラ，シクラメン，チューリップ，パンジー

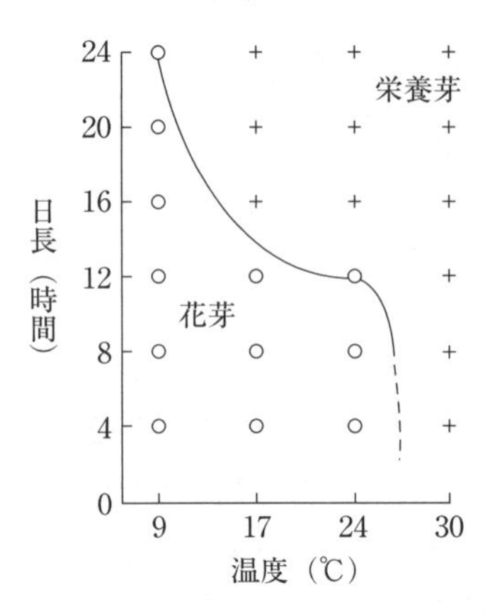

図 6.16　イチゴの花芽形成に及ぼす温度と日長の影響（斎藤，1970）
9℃では中性，17，24℃では短日植物，30℃では花芽を形成しない．

菜類の品種は中性植物である．果樹では普通，枝の成長が止まったときに花芽が分化し，日長により開花が左右される例は知られていない．

植物生理学の分野では，短日，長日，中性植物は花芽形成，すなわち花芽分化開始までの反応としてみている．しかし，園芸作物では開花さらに結実までをみる必要があり，花芽分化開始ではなく開花までの反応として日長反応をとらえている．実際，園芸作物では種類によって，花芽分化開始前とその後の発達段階とで日長反応が異なる場合があり，注意を要する．たとえば，イチゴは花芽の分化開始は短日，発達は長日で促される．

また，栽培温度により日長に対する反応が異なる例もみられる．たとえば，イチゴの花芽分化は，日長だけでなく温度の影響も受け，栽培温度によって異なる反応を示す（**図 6.16**）．普通は限界日長が変わることが多く，短日植物では温度が低くなるほど開花できる日長の範囲が広くなる傾向がある．

(2) 光周反応

長い暗期の真ん中で，短時間の照明を行うと，短日植物は開花せず，逆に長日植物は開花し，暗期の効果が失われる（**図 6.17**）．このことから，花芽形成には，明期の長さでなく，暗期の長さが一定以上継続することが必要であり，短日植物は長夜植物，長日植物は短夜植物と呼ぶべきということになる．この暗期の途中で光が当たると暗期の効果が失われる効果を，暗期中断（光中断 light break, night interruption）という．

暗期中断としていろいろな波長の光を与えると，最も有効なのは 600 ～ 700 nm（ナノメートル）の赤色光であり，赤色光に続いて 700 ～ 800 nm の遠赤色光を与えると赤色光の効果が打ち消される．さらに遠赤色光の後で

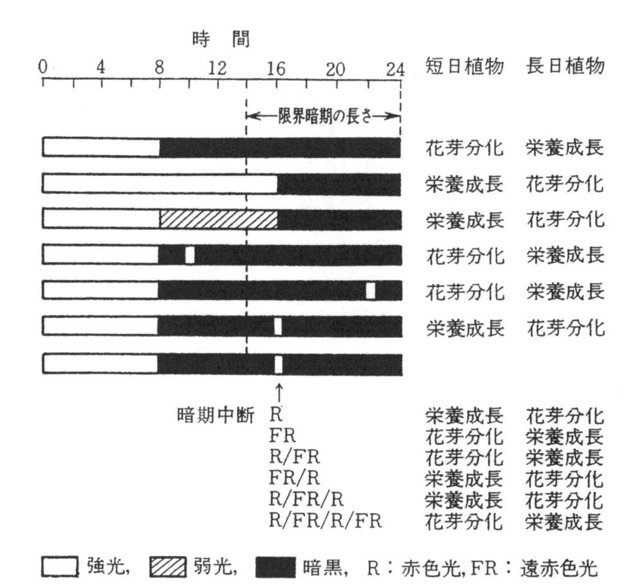

図 6.17 短日および長日植物の花芽分化に対する光周性と暗期中断の効果
(Galston and Davis, 1972；Wareing and Philips, 1970)

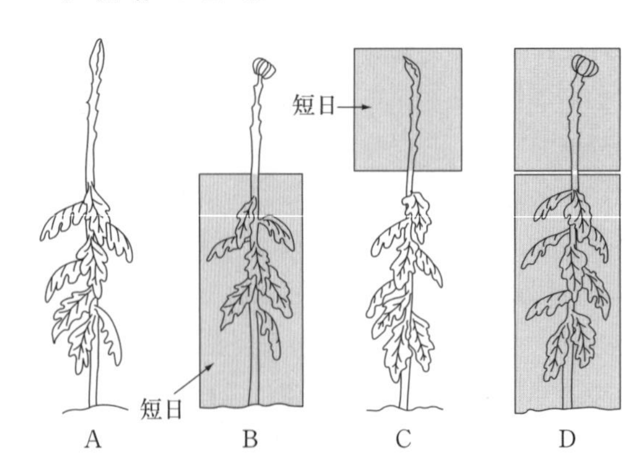

図 6.18　キクにおける葉の短日処理による開花誘導（Wareing and Philips, 1970）
葉が短日におかれると（B, D），茎頂が長日（B），短日（D）のいずれの条件でも開花する．

赤色光を与えると，再び暗期中断の効果が認められ，この反応は可逆的である（図 6.17）．短日植物では，最後に与えた光が赤色光であれば花芽が分化せず，遠赤色光であれば花芽が形成される．この反応にはフィトクローム（phytochrome）と呼ばれる色素系が関与している．

日長に感応するのは葉であり，花芽を形成するのは芽であることから，葉から芽へ何らかの刺激が伝達されると考えられる．チャイラヒアン（Chailakhyan）が 1937 年にキクを用いた実験で，葉のある部分に短日処理を行うと芽の部分は長日におかれていても開花することを見出し（**図 6.18**），日長の刺激を感受した葉から芽に送られて花芽を形成するホルモン様物質があると主張し，この花成ホルモンをフロリゲン（florigen）と名付けた．2007 年に長日植物シロイヌナズナの FLOWERING LOCUS T（FT）遺伝子，短日植物イネの Heading date 3a（Hd3a）遺伝子の翻訳産物，FT タンパク質と Hd3a タンパク質が実際の情報伝達物質であることが明らかにされた．

フィトクローム
この存在は，アメリカ農務省の研究所で働いていたボースウィック（Borthwick）とヘンドリックス（Hendricks）により発見された．フィトクロームには光吸収ピークが赤色光域にある Pr と遠赤色光域にある Pfr の 2 つのタイプがあり，光を吸収すると互いに他方に変換する．どちらへの変換速度が高いかは光に含まれる赤色光域と遠赤色光域の強度比率で決まる．したがって，赤色光を与えると Pr が Pfr になり，赤色光に続いて遠赤色光を与えると，Pfr が Pr に戻る．花芽形成だけでなく，種子発芽，茎の伸長抑制，色素合成など，さまざまな生理反応に関与している．

c.　開花と温度

花芽の形成は温度により左右される．その場合，温度が高くなったり，低くなれば，その温度で花芽が形成される場合と，後で花芽が形成される場合とがある．後者のように，まず低温に一定期間あう必要があり，その後温暖な条件下で花芽を分化するとき，このような現象を春化作用（バーナリゼーション，vernalization）という．

(1)　春化作用

0℃から 13 ～ 14℃の温度範囲に感応して，数週間の遭遇が必要である．吸水させた種子の段階で低温に感応する種子春化（seed vernalization）と，成長中の苗でないと春化の過程が進行しない緑色植物体春化（緑植物春化 green plant vernalization）とがある．なお，種子春化型のものは，苗でも低温に感応する．

低温に感応した直後に高温を受けると，それまでの低温の効果が打ち消さ

バーナリゼーション
本来，ムギ類の秋播きの種類において，催芽した種子を一定期間低温にあわせてから春播きすると，春播きの種類と同じように出穂・結実する現象に対し，ロシアのルイセンコ（Lysenko）により，1929 年に用いられた語である．

れ，開花の促進がみられなくなる．これを脱春化，離春化作用（ディバーナリゼーション，de-vernalization）という．**図 6.19** に示されるスターチス・シヌアータ（*Limonium sinuatum*）では，低温 30 日の処理により開花が促進されているが，低温処理の直後に高温を 5 日または 10 日与えられると，そのような効果がみられなくなる．この脱春化作用が起こるのを避けるには，低温での処理後，15 ～ 20℃の温度に 2 ～ 3 週間おいて，春化作用の安定化を図る必要がある．スターチス・シヌアータでは，夏季の間，昼温 25℃以下，夜温 15 ～ 17℃に維持した冷房ハウスで 3 週間ほど育苗が続けられる．その後，30℃以上の夏の高温にあわせても脱春化は起こらない．

種子春化型の例
ダイコン，ハクサイ，カブ，スイートピー，スターチス・シヌアータ

緑色植物体春化型の例
キャベツ，カリフラワー，ネギ，タマネギ，ニンジン，ゴボウ，フウリンソウ，リンドウ，ユリ類

このように，中庸温度（neutral temperature）に短期間おくと，低温処理の効果は安定し，春化効果の定着，安定化が起こる．また，高温を受けた後で，再び低温を与えると再春化（re-vernalization）も可能であり，可逆的な温度反応といえる．なお，春化のための低温を与えた後は，長日条件下におくと開花が促されることが多い．

花蕾を食用とするカリフラワー，ブロッコリーは緑色植物体春化型であり，生育中に低温にあうと花芽を分化する．花芽分化を誘起する温度とそれ

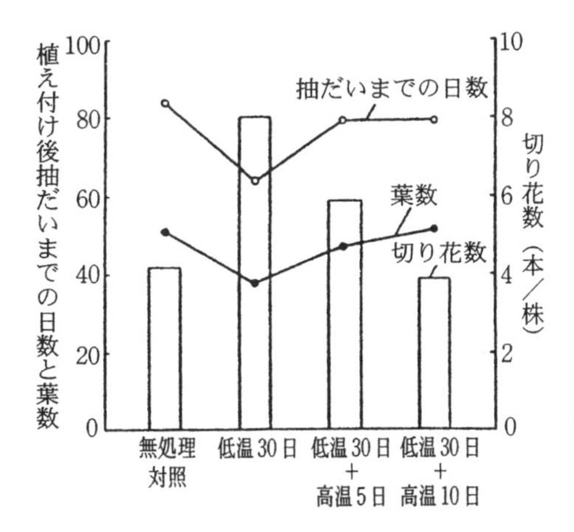

図 6.19 スターチス・シヌアータの種子春化と脱春化作用（吾妻他，1983）
品種はアーリーブルー，11 月 10 日定植，8℃加温栽培，3 月末日までの切り花数を示す．
対照区：10 月 9 日播種，
低温処理：9 月 9 日～ 10 月 9 日，2 ～ 3℃，
高温処理：低温処理後に 30℃．
低温 30 日の処理により，少ない葉数で抽だいが早く起こり，多くの花が収穫できる．その効果は高温に 10 日当てると失われる．

抽だい
ロゼット状態の植物が節間伸長すること．特に花茎が急速に伸び出すことをいう．

表 6.4 カリフラワーの花芽分化と花蕾の発育条件（加藤，1964 より）

品種の早晩性	花芽分化温度	花芽分化時の展開葉数	花芽分化時の茎の太さ	花蕾発育適温
極早生種	23℃ 以下	5 枚以上	5 mm	18～20℃
早 生 種	20 〃	7～ 8	5～6	17～18
中 生 種	17 〃	11～12	7～8	15～18
晩 生 種	15 〃	15 以上	10 以上	15～18

に感応する苗の大きさが品種の早晩性により異なることが知られている(**表6.4**).

低温に感応する部位は頂端分裂組織であり，種子では胚，植物体では茎頂部となる．光周性の場合と同様，伝導性の花成刺激が生成されると考えられ，バーナリン(vernalin)と命名されている．植物ホルモンのジベレリンは春化効果の一部を代替する作用がある．

バーナリン
春化により合成される開花に関係する代謝物質で，フロリゲンと同様，接ぎ木実験により存在が想定されており，フロリゲンの前駆物質とも考えられているが，いまだその正体は明かされていない．

(2) 花芽の休眠打破

サクラ，モモ，ユキヤナギなどの花木では，秋から冬にかけての温度低下にともなって，花芽の発達が進むとともに，自然低温を受けることにより，1月中・下旬には15～20℃の温度に移しても開花が可能となる．この時期になれば，枝を切って束ね，戸外で清潔な水を5～7日間吸わせてから温室に入れ開花を早めることができる(**図6.20**)．その結果，3月3日のひな祭りに間に合うように，開花したモモの切り枝が出荷される．

秋の植え付け時に花芽が完成しているチューリップでは，植え付けてそのまま温暖な条件で育てると，開花しないか開花しても茎が伸びない．晩秋から冬の低温を受けて初めて，チューリップ本来の花の姿が得られるようになる．花芽が完成した球根に対して，あらかじめ貯蔵中に5℃乾燥で低温を与えておくと，開花率が高まり，花茎が長くなって，開花も早まる(**図6.21**)．

このように，形成された花芽が冬の低温を受けた後，温暖な条件で開花が可能となる場合，この低温の作用は花芽の休眠打破を促している．果樹の場合は，低温により自発休眠が破れるとされているが，葉芽だけでなく花芽の休眠も破れている．果樹のハウス栽培が増えるつれて，この休眠が破れる時期を知ることは，加温開始の目安となるため大切になっている．

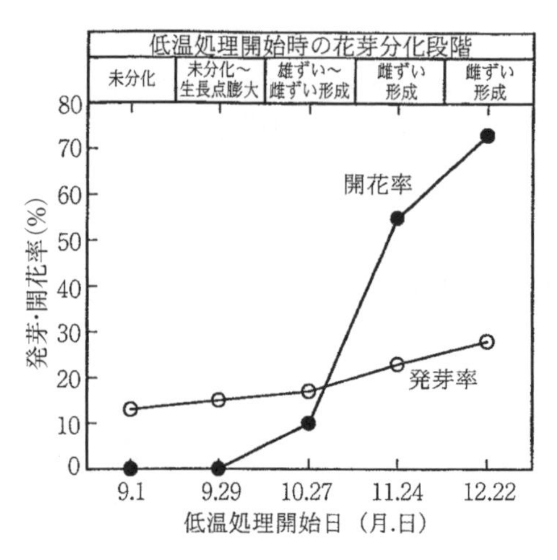

図6.20 ハナモモの低温処理開始時期ならびに花芽の分化段階と葉芽の発芽および花芽の開花との関係(五井他，1974より)
低温処理：0℃湿潤6週間，処理後は最低夜温15℃の温室で栽培．

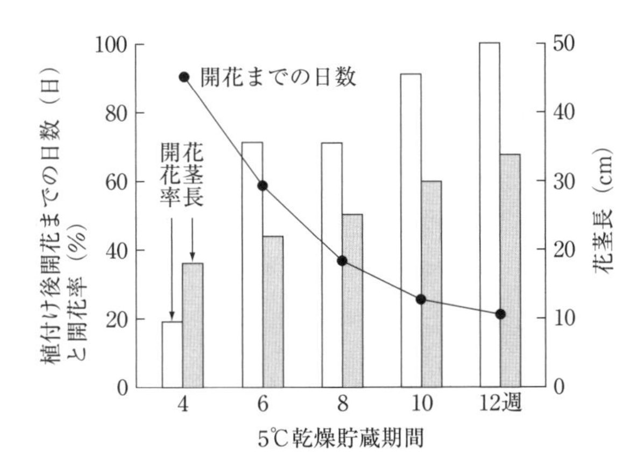

図 6.21　チューリップの開花に及ぼす低温貯蔵期間の影響（Moe and Wickstrøm, 1973）
品種はパールリヒター，植付け後は18℃で栽培.
5℃の貯蔵期間が長いほど，開花率が高く，開花日も早くなり，花茎長が長くなる.

表 6.5　キュウリの花の性発現に及ぼす日長の影響（伊東・斎藤，1964）

夜　温（℃）	日　長（時間）	第1花着生節位	第1雌花着生節位	連続第1雌花着生節位	雄花節数	雌花節数
17	8	2.0	4.5	5.3	2.9	16.1
	12	2.0	6.0	8.4	6.3	12.7
	16	2.0	7.8	14.5	11.1	7.9
	24	2.4	10.1	16.2	12.8	5.8
24	8	2.0	7.9	13.4	10.4	8.6
	12	2.3	10.5	16.8	12.6	6.1
	16	3.0	15.8	—	16.2	1.8
	24	6.2	—	—	14.8	0

d.　花の性表現

多くの種子植物は雄ずいと雌ずいの両方をもつ両性花をつけるが，中には雄花，雌花の単性花を形成し，同じ株に両方がつく雌雄同株，別々の株につく雌雄異株がある．雌雄同株のウリ類などでは，花の性表現は種，同じ種でも品種や系統により遺伝的に異なる．環境条件や栄養条件でも違いがみられ，一般に低夜温と短日で雌花，高夜温と長日で雄花の発現が助長される（**表 6.5**）．

［今西英雄・小池安比古］

6.3　果実の発育と成熟

a.　果実の結実

果実は花からできるもので，開花後落下しないで果実に成長していくことを結実と呼んでいる．花の段階で開花時に受粉（pollination）・受精（fertilization）が起こると胚珠内の細胞分裂が盛んになり，その後細胞の肥大へと続くが，受粉・受精がうまくいかないと種子形成が起こらず，開花後途中で落下していく．その一方で生育環境や栄養条件による樹体の生理的な要因が原因で起こる生理的落果が開花期から１～２ヶ月後頃までと収穫前にみられる（**図 6.22**）．

一般的に果実の結実とその後の発育には，受粉・受精そして種子の形成が必要であり，これがないと果実へと成長しないで落下する．種子の形成段階では植物ホルモンが生産され，光合成産物の果実への転流，果実の生育促進に作用していると考えられる．

花には雌性器官（雌ずい）と雄性器官（雄ずい）がそろっている両性花と，雌ずいか雄ずいのどちらか一方しかもたない単性花があり，雌花と雄花が別々の個体に着花する雌雄異株（キウイフルーツ，ヤマモモ，ヤマブドウ）や同じ個体に着花する雌雄同株（カキ，クリ，メロン，スイカ）のものがある．これらの結実には，雄株の混植や雄花と雌花の適正な着花が必要である．‘富有’などカキの主要品種では雌花のみを着生し，偽雄ずいの発達はみられるものの花粉母細胞やタペート細胞の分化が起こらないので，雄花を着生する品種を受粉樹（pollinizer）として混植する．

受粉樹（pollinizer）
受粉させるための花粉を供給する樹のことをいう．主力品種の 10 ～ 20％を混植する．

雌ずいや雄ずいが不完全（不稔）な場合には正常な受粉・受精が起こらない．ウンシュウミカンやリンゴやセイヨウナシの３倍体品種では胚珠が不完全なために正常な花粉が受粉しても受精がうまくいかない．また，‘白桃’などモモの一部品種，リンゴやセイヨウナシの３倍体品種，‘ワシントンネーブル’やウンシュウミカンなどのカンキツ類では，花粉の発達過程の異

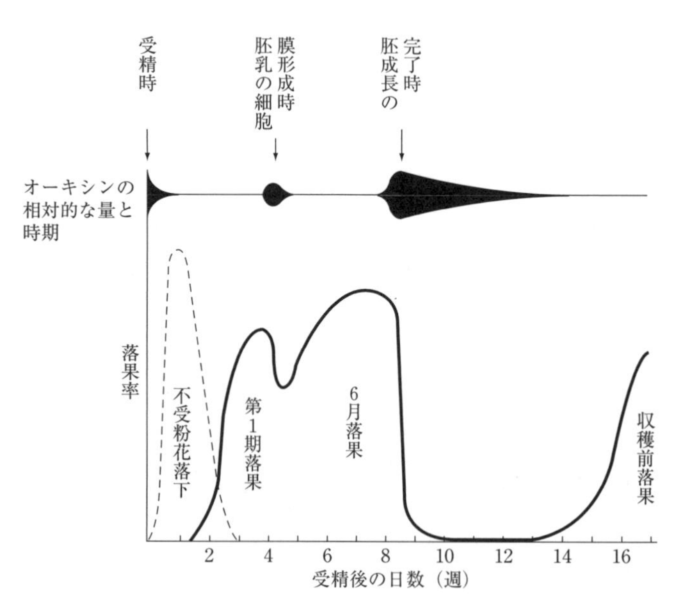

図 6.22　リンゴの生理的落果の生理的波相と種子のオーキシン生産量との関係（熊代他，1977）
生理的落果は種子で生産されるオーキシンの量と密接な関係があり，オーキシンの生産が増加する受精時，胚乳の細胞膜形成時，胚成長の完了時には，生理的落果量は減少する．

表 6.6 受粉樹を必要とする果樹品種とその理由（小林，1986）

受粉樹を必要とする理由	種　類	品　種
雄性器官（花粉）の不完全	モ　モ	白桃，上海水蜜，金桃，神玉，箕島白桃など
	ブドウ	ブライトン，ヘルベルト，マデレイン，アンジュバン
	ニホンナシ	新高，石井早生など
	リンゴ	3倍体品種（陸奥，緋の衣，生娘，赤流，パラゴンなど）
雄性器官（雄花）の欠除	カ　キ	富有，次郎など
自家不和合性	リンゴ	大部分の品種
	ニホンナシ	大部分の品種
	セイヨウナシ	大部分の品種
	ニホンスモモ	大部分の品種
	ヨーロッパスモモ	一部の品種
	オウトウ	大部分の品種
	ク　リ	大部分の品種
	ウ　メ	大部分の品種
	カンキツ類	日向夏
他家不和合性	ニホンナシ	太白と早生赤，二十世紀と菊水，長十郎と青竜など
	オウトウ	ナポレオンとビングとランバート，日の出と高砂，大紫とカリフォルニアとアドバンス，若紫と深紫など
単為結実性があるが，落果歩合，果形品質の点から受粉必要	カ　キ	富　有
	カンキツ類	ワシントンネーブル

常により受精能力のない不稔花粉を生じる．これらの果樹の結実には正常な花粉を持つ受粉樹の混植や人工受粉が必要となる（**表 6.6**）．

雌ずい（胚珠）や雄ずい（花粉）が健全であるにもかかわらず，受精が妨げられて結実しない現象が，リンゴ，ニホンナシ，オウトウなどのバラ科の果樹に多くみられる．同一樹または同一品種間の受精が妨げられる自家不和合（性）と，特定の品種間で受精が妨げられる他家不和合（性）がある．これらの不和合性は1つの遺伝子座にある複対立遺伝子によって制御されているので，遺伝子型をみて和合性の品種の花粉を人工授粉などに使用する．

受精しなくても結実する場合があり，これを単為結果（単為結実，parthenocarpy）といい，ウンシュウミカン，カキ，バナナ，パイナップルなどにみられる．植物ホルモンであるオーキシンやジベレリンを使って単為結果を誘導できる．オーキシンはトマトやナスなどの着果促進に，ジベレリンはブドウ，ビワ，アセロラなど果樹の着果促進に使用され，特にブドウでは種なし果実の生産が多く行われている.

b. 果実の発育過程

果樹の種類や品種により果実の大きさ，形，構造などはそれぞれ異なるが，果実の発育は，開花から数週間の細胞分裂（細胞分裂期）とその後の成熟期までの細胞肥大（細胞肥大期）からなる．細胞分裂には前年に蓄えられた貯蔵養分が，細胞肥大には葉の光合成による供給養分が使われている.

果実の発育の状態を示したものが成長曲線で，そのパターンはS字型成長曲線（single sigmoid growth curve）と二重S字型成長曲線（double sigmoid growth curve）の2つに大きく分けられる（**図6.23**）．S字型成長曲線では開花後しばらく緩やかな成長が続き，生育中期の肥大は急激で，その後は緩やかになって成熟に達する．リンゴ，ナシ，トマト，メロンなどの果実がこの成長パターンを示す．二重S字型成長曲線は2つの急激な成長期が生育中期における肥大の停滞によって隔てられている．この肥大の停滞期間を第2期，それ以前を第1期，それ以降を第3期と呼んでいる．モモ，オウトウ，カキ，ブドウ，イチゴなどの果実がこの成長パターンを示す（**表6.7**）．なお，キウイフルーツは三重S字型成長曲線を示すという報告があるが，その後の調査では二重S字型を示していた.

果実成長初期の細胞分裂期は温度との関係が深く，温度が低いと細胞分裂

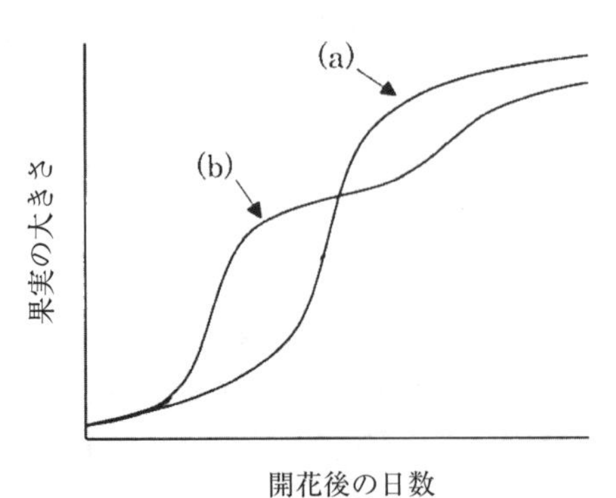

図6.23　果実の成長曲線
(a) S字型成長曲線
(b) 二重S字型成長曲線

表6.7　果実の成長曲線のタイプ

S字型成長曲線	リンゴ，セイヨウナシ，ニホンナシ，ビワ，カンキツ，パイナップル，ナツメヤシ，バナナ，アボカド，マンゴー
二重S字型成長曲線	モモ，ウメ，アンズ，スモモ，オウトウ，カキ，ブドウ，イチジク，オリーブ，クロフサスグリ，ラズベリー，ブルーベリー

が抑制され，果実の生育が劣る．土壌水分も果実成長に大きな影響を与え，その不足は果実肥大を顕著に抑制する．また，成長初期の細胞分裂期における土壌水分の不足は細胞分裂を抑制し，激しい場合は早期落下を引き起こす．また，細胞肥大期の水分過剰や過不足の繰り返しは果実の裂果を誘発する．

果実の発育は種子で生産された植物ホルモン（plant hormone；おもにオーキシン，ジベレリン，サイトカイニン）によりコントロールされている．果実の細胞分裂や細胞肥大はこれらの植物ホルモンにより促進されると考えられる．また，これらの植物ホルモンは細胞の分裂と肥大を促進するだけでなく，葉からの光合成産物を優先的に果実へ引きつける役割を果たしている．果実の発育に伴う植物ホルモンの消長は果実の成長と成熟に対する役割を示すとともに，相互に関連しているといえる（**図 6.24**）．

植物ホルモン
植物ホルモンとは「植物自身がつくりだし，微量で作用する生理活性物質や情報伝達物質で，植物に普遍的に存在し，その物質の化学的本体と生理作用が明らかにされたもの」と定義されている．現在までにオーキシン，サイトカイニン，ジベレリン，アブシジン酸，エチレン，ブラシノステロイド，ストリゴラクトン，ジャスモン酸の8種類が知られている．人工的に合成された化学物質で植物ホルモンと同じ作用をしたり，植物ホルモンの合成や働きを抑える物質を植物成長調節剤（plant growth regulator）という．薬剤として使用できる植物成長調節剤は，農薬取締法では植物成長調整剤として登録され，適用作物や使用方法が定められている．

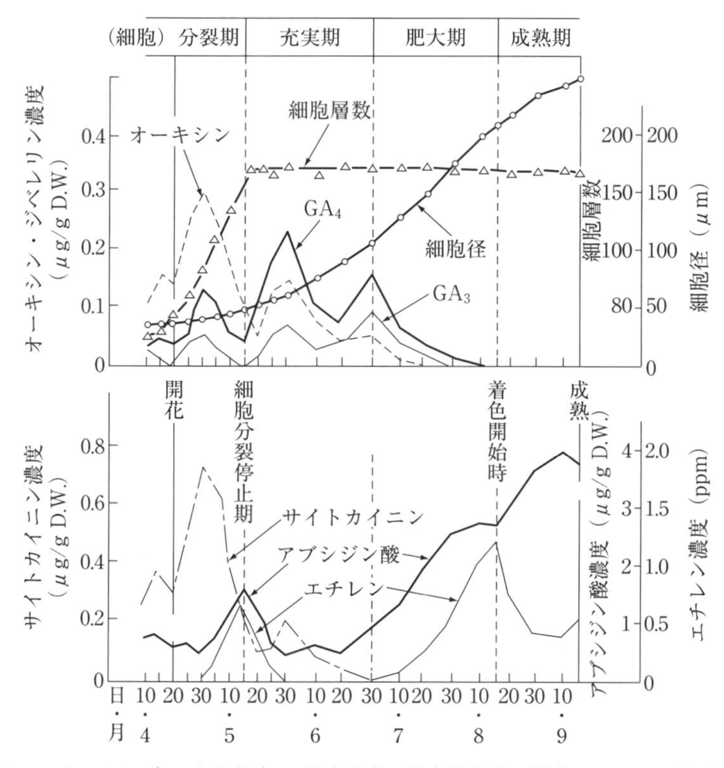

図 6.24 ニホンナシ（'二十世紀'）の果実発育に伴う果肉中の植物ホルモンの消長（斉藤他，1992）
果実中の種子が形成，発育していく過程で，オーキシン，ジベレリン，サイトカイニンなどのホルモンが合成・代謝されていく．果実の発育に伴うホルモンの消長は，各ホルモンそれぞれの時期での役割を示すが，これらはつねに相互に関連し合って作用する．生育初期はオーキシンとサイトカイニン，細胞充実期にはジベレリンの GA_4，GA_3，細胞肥大から成熟期にかけてアブシジン酸とエチレン濃度が高くなる．

c. 果実の成熟

果実は成長が終了すると成熟・追熟段階に入り，これまでの量的な変化から質的な変化にかわり，樹種，品種特有の品質・風味と外観を表すようになる．成熟・追熟段階では果実の甘味，酸味，渋味，硬さ，香り，果色などが変化する．

(1) 果実の成熟タイプ

① 貯蔵糖質タイプ： 果実によりデンプンを多く貯蔵するものと糖をおもに貯蔵するものとがある．前者にはバナナ，キウイフルーツなどがあり，デンプンは追熟中に分解されて糖になり甘さが増加する．後者にはモモ，ブドウ，ミカンなどがあり，成熟時に糖の蓄積が増加する．リンゴ，ナシは両者の中間的な果実である．

② 呼吸タイプ： 果実の呼吸をみると，若く未熟な果実は呼吸量が非常に高いが，成長するにしたがって減少し，成熟期には低く推移する．しかし，果実には成熟・追熟段階に一時的な呼吸量の上昇を示すクライマクテリック型（climacteric type；アボカド，バナナ，セイヨウナシ，トマト，メロンなど）と上昇を示さない非クライマクテリック型（non−climacteric type；ブドウ，オウトウ，カンキツ類，イチゴ，キュウリなど）の2つのタイプがみられる（**図6.25**）．

クライマクテリック型果実においては，呼吸のクライマクテリックライズに先行または平行してエチレン生成の増加がみられ，エチレンが呼吸量の一時的な上昇を誘導するとみなされている．人為的にエチレンを与えると呼吸のクライマクテリックライズと果実自身からのエチレン生成が誘導される．

(2) 果実の硬さと色の変化

① 硬さの変化： 果実の成熟が進むにつれて果肉は軟化する．細胞壁の厚さと細胞どうしの結合が果実の硬さに影響しているが，細胞壁の厚さに関係しているのがセルロースであり，細胞どうしの結合に深い関係をもっているのがペクチンとヘミセルロースである．果肉の軟化は

果実硬度の測定
リンゴやモモでは鮮度保持の指標として，キウイフルーツでは食べ頃の指標として果実硬度が測定される．果実硬度計（キウイフルーツなど），マグネステーラー硬度計（リンゴ）のほか，最近は非破壊計測器（ヒットカウンター）も用いられる．

果実の着色と温度
アントシアニンの形成には温度が重要である．リンゴ，ブドウなどでは20℃が好適で，30℃以上では着色は著しく悪くなる．

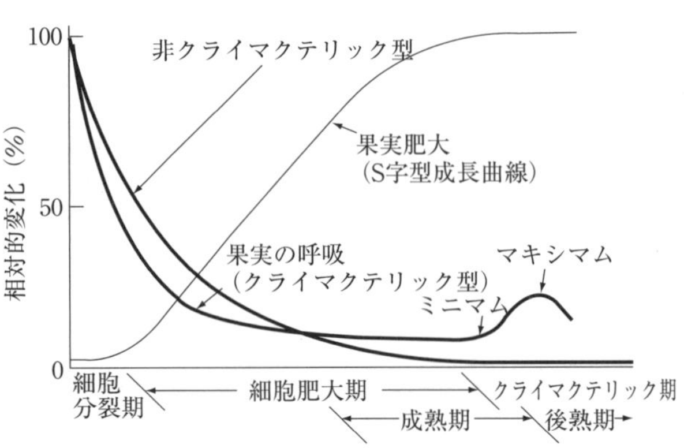

図6.25 受精から成熟および後熟期における果実の肥大と呼吸の相対的変化（伊庭他，1985）

ペクチンやヘミセルロース，セミロースなどの多糖類がペクチン分解酵素やセルロース分解酵素によって分解され，その結果細胞壁は薄くなり，細胞どうしの結合も弱まり果実は軟らかくなると考えられる．適度な硬さで収穫するのが，追熟やその後の貯蔵のポイントにもなる．成熟を促進するエチレンは，果肉軟化を引き起こす細胞壁修飾酵素の遺伝子発現を誘導し活性化し，果肉硬度の低下を促進する作用がある．

② 色の変化：　幼果では果皮にクロロフィルを含んでいるので緑色をしている場合が多いが，成長し成熟に入るとクロロフィルは分解消失し，アントシアニンやカロテノイド色素の合成・蓄積が促進される．これらの色素は果実特有の色調を示し，果実の外観品質の中で重要な位置を占めている．成熟時の低温条件はクロロフィルの分解を助長する．

アントシアニンは水溶性で，配糖体として細胞質や液胞中に存在し，赤色，紫色あるいは紫黒色などの色を示す．リンゴ，オウトウ，ブドウ，イチゴ，ナスなどに多く含まれ，果実の成熟につれて増加して着色を進めるが，その着色には糖，光，温度条件が影響する．リンゴでは着色をよくするような葉つみや玉回し，袋かけなどの光条件に関連した果実管理が行われる．

カロテノイドは葉緑体や有色体中に存在し，黄色，橙色，赤橙色を示す．カンキツ類，カキ，トマト，スイカなどに多く含まれ，クロロフィルの消失に伴い発現する．カキでは，カロテノイド類の発現には25℃程度の温度条件が適温であるが，ウンシュウミカンでは20℃程度となっている．

カロテノイド
水不溶性で有色体中に存在する．カロチン類（橙色や赤色）とキサントフル（淡黄色）に大別される．

(3)　成熟に伴う主要成分の変化

① 糖・デンプン：　果実に含まれる主な糖はグルコース（ブドウ糖），フルクトース（果糖），スクロース（ショ糖）の3種類で，リンゴやナシ，モモなどのバラ科の果樹ではこれらにソルビトールが加わる．果実の糖の構成比や含量は果実の種類や品種により異なる．成熟した果実でみるとリンゴ，ニホンナシではフルクトースとスクロースが多く，モモではスクロースが多い．ブドウ，イチジクではフルクトースとグルコースがおもな糖でスクロースは少ない．また，トマトは成熟に伴ってスクロースをほとんど蓄積しないが，イチゴは蓄積する．果実の発育・成熟過程を通じて，糖の構成比や含量は変化するが，成熟期に糖（全糖）含量は多くの果樹で急激に増加する．食味の最も重要な構成要素である糖含量の高い果実をいかに生産するかが，栽培技術のポイントになっており，水ストレスを付与した根域制限栽培が盛んになってきている．

多くの果実でデンプン含量は少なく，生育初期には一時増加するが成熟時にはほとんど消失する．しかし，バナナやキウイフルーツなどの果実では収穫期まで大量のデンプンを蓄積する．これらの果実では追熟が進むとデンプンが分解されてグルコースなどの糖に変わり，甘味が増加する．

② 有機酸： 果実中には多くの種類の有機酸が含まれるが，おもなものはクエン酸，リンゴ酸でその他に酒石酸，シュウ酸，コハク酸，キナ酸などがあり，果実に特色ある酸が含まれている．リンゴ酸をおもに蓄積するものにリンゴ，ナシ，モモ，オウトウなどがあり，クエン酸をおもに蓄積するものにカンキツ，イチジク，パイナップルなどがある．有機酸は未熟な果実で含量が高く，成熟につれて減少する．生育の早い段階で酸が著しく増加する時期があり，その後減少して，収穫時には1％以下になるものが多い（**表6.8**）．

糖や酸の含量は品種や栽培方法，年次によっても異なるが，糖，酸含量のバランスを示す糖酸比（brix−acid ratio）は食味評価の指標となっている．

③ アミノ酸： 多くのアミノ酸が遊離アミノ酸として果実中に存在し，果実のうま味などに関与し，それぞれの果実に独特の風味を与えている．果実に含まれるアミノ酸は0.1～0.3％程度で，リンゴなどの含量の低いものでは0.1％以下である．共通して多い遊離アミノ酸はアスパラギン，ついでグルタミン，セリン，プロリンなどで，メロン，イチジク，ウメなどで多い．バラ科の果樹のモモやウメではアスパラギンが多く含まれ，スモモではセリンやプロリンも比較的多く含まれている．

細胞分裂が盛んな幼果の時期はタンパク質含量が高いが，成熟時期には低下し，アミノ酸含量では急激な増加がブドウやモモなどでみられる．

④ ビタミン： 果実はビタミン，特にビタミンCを多く含んでおり，ビタミンCの重要な供給源となっている．ビタミンCを多く含む果実として，アセロラ，グアバ，カキ，キウイフルーツ，レモンを含むカンキツ類などがあげられる（**表6.9**）．アセロラではビタミンC含量は若い果実で高く，成熟時にはそれより少なくなる．また，果実の中でビ

表6.8 おもな果実の糖度と酸含量（杉浦，2004より）

種 類	糖度（％）	酸（％）
リンゴ	12～16	0.2～0.8
ナ シ	10～13	0.1～0.3
ブドウ	16～20	0.3～0.9
カ キ	14～18	0.05
モ モ	10～15	0.2～0.5
ウ メ	—	4～6
オウトウ	16～22	0.5～0.8
キウイフルーツ	13～18	0.4～1.0
ウンシュウミカン	10～13	0.8～1.0
ビ ワ	10～13	0.2～0.3
パインアップル	13～19	0.4～1.0

表6.9　ビタミンC含量の高い園芸作物（七訂食品標準成分表より）

果　実	ビタミンC (mg/100 g)	野　菜	ビタミンC (mg/100 g)
アセロラ	1700	ピーマン	76〜170
グアバ	220	芽キャベツ	160
ユズ（果皮）	150	ナバナ	110〜130
カ　キ	70	ブロッコリー	120
キウイフルーツ	69	パセリ	120
レモン	50	トウガラシ	120
ウンシュウミカン	33〜35	イチゴ	62

タミンC含量が最も高いのはカムカムで100 gあたり2,800 mgのビタミンCを含んでいる．

果実はビタミンAの重要な供給源ともなっており，果実に含まれているカロテノイドのうち，α-カロテン，β-カロテン，β-クリプトキサンチンが生体内でビタミンAに変わる．マンゴー，パッションフルーツ，アンズ，ビワ，カンキツ類などでその含量は高く，ウンシュウミカンでは果実中の糖含量が高いほどβ-クリプトキサンチン含量が高いことが報告されている．β-カロテン，β-クリプトキサンチンは果実の機能性成分として，近年注目されている．

⑤ タンニン：　強い渋味の成分であるタンニンは高分子フェノール化合物で，多くの果実で幼果期に多く存在し，発育にともなって減少し成熟期にはほぼ消失する．カキにはタンニン細胞があり，この中に可溶性タンニンとして局在している．果実の生育とともに甘ガキではタンニンは減少し，成熟期までになくなるが，渋ガキでは成熟期でもタンニン量が1%程度あり，渋味が強い．

⑥ 香気成分：　果実は種類によりそれぞれ独特の香りをもっている．未熟な果実では香りは乏しいが，成熟に伴って香りをもたらす．香気成分は，炭化水素，アルコール，エステル，カルボニル化合物などの揮発性物質がおもなものであり，果実は成熟するにつれて，いくつかの香気成分を出してそれぞれの果実特有の香りをつくりだしている．果実の香りもうま味に大きな影響を与える要素であり，果実品質の一つとして今後注目されるものであり，成熟との関連の解明が必要である．

⑦ 苦味成分：　リモノイドのリモニン，ノミリン，そしてフラボノイドのナリンギン，ネオヘスペリジンはカンキツ類に特有の苦味成分である．これらは苦味をもつので味の点で好まれないが，抗酸化作用，発がん抑制作用などの機能性をもつことが示されている．未熟果に比べ成熟果の総フラボノイド量は少なく，苦味の減少もみられる．

d.　果実の熟期調節

施設栽培により生産を早め，早期出荷を図る栽培が行われているが，植物成長調節剤を利用して熟期促進を図る栽培も行われている．

果実の熟期促進剤としてエテホンやエチクロゼートが利用されており，エテホンは分解してエチレンを発生し，ナシ，カキ，オウトウ，モモの成熟を促進する（**表 6.10**）．ミカンはオーキシン作用をもつエチクロゼートにより品質向上や熟期が促進される．ブドウでは無核化に利用されているジベレリンが無核化とともに熟期を促進する．ジベレリンはナシの果実肥大・熟期促進剤としても利用されている．そのほかイチジクでは植物性油を果頂部に塗布する油処理（オイリング）を行うと成熟が促進する．

エテホン（エセフォン）
2-クロロエチルホスホン酸で，植物体内あるいは表面で分解してエチレンになり，植物ホルモンとして働く植物成長調節剤である．

エチクロゼート
5-クロロ-3（1H）-インダゾール酢酸で合成オーキシンの1つである．オーキシン活性によって誘起されるエチレンにより植物に生理的な作用を及ぼすと考えられている．

e.　収　穫　期

果実は樹上で成熟が進み完熟後落下するものが一般的であるが，セイヨウナシやキウイフルーツなどのように樹上では完熟しないで，収穫後に追熟するタイプの果実がある．バナナは樹上でも成熟するが，未熟果実を追熟したほうが，品質がよいので追熟をしている．

果実を収穫する時期は，収穫後すぐに食べる場合はできる限り完熟するまでおいた方がよいが，日持ち性の悪いモモ，スモモ，アンズなどの果実は成熟初期に収穫する．また，収穫後に追熟したり長期貯蔵する場合はそれらに適した成熟時期に収穫する方がよい．収穫時期は貯蔵性（storage quality）や生理障害（physiological disorder）の発生程度にも関連するのでこれらの点も考えて収穫適期を決める．

追熟
収穫後に果実の成熟が進んで完熟するような現象を追熟という．エチレンを処理すると追熟が促進される．

表 6.10　果樹で生育調節効果が認められるおもな植物生長調節剤（農山漁村文化協会編，2011）

対象果樹	薬剤名	効　果	時　期	備　考
常緑果樹				
ウンシュウミカン	エチクロゼート	熟期促進	満開後 50 ～ 90 日と 70 ～ 110 日	
ポンカン	エテホン	着色促進	着色開始期	落ち葉が激しい
ウンシュウミカン	エチレンガス	着色促進	収穫後	引火性
落葉果樹				
ブドウ	ジベレリン	無核化・熟期促進	開花期前後	
ナ　シ	ジベレリン	果実肥大・熟期促進	満開後 30 ～ 40 日	
ナ　シ	エテホン	熟期促進	満開後 60 ～ 70 日	
カ　キ	エテホン	熟期促進	着色開始期	
オウトウ	エテホン	熟期促進	満開後 3 ～ 4 週間	ナポレオン，佐藤錦
モ　モ	エテホン	熟期促進	満開後 70 ～ 80 日	白鳳

表 6.11　果実の収穫適期の判定法

ウンシュウミカン	着色と食味，浮皮程度
モ　モ	地色，香気，硬度
ウ　メ　（梅酒用） （梅干し用）	満開 90 日前後，濃い緑色 満開 110 日前後，黄ばみ始め
オウトウ	満開からの日数（40～55 日），着色，食味
ブドウ	食　味
カ　キ	カラーチャート
ニホンナシ	満開からの日数，カラーチャート
リンゴ	満開からの日数，地色，カラーチャート，果肉硬度，糖度，食味

図 6.26　カラーチャート

果実の種類により収穫時期の判定の指標がある．収穫しようとする果実の品質に直接関係する指標として，成熟過程における果皮の着色程度，果肉硬度，糖，酸，ペクチン含量，果実の呼吸量やエチレン生成量などがある．収穫しようとする果実の品質に直接関係しない指標として満開後日数や積算温度などがある．ウンシュウミカンでは着色と浮皮程度，リンゴやナシでは満開からの日数や果皮色程度が収穫適期の判定に使われる．果菜類の中で，トマトやイチゴは果皮色で，スイカやメロンは外観と開花日からの日数，キュウリは大きさを基準として収穫される（**表 6.11**）．果実の着色程度の判定用に樹種や品種ごとの専用カラーチャート（**図 6.26**）や，近赤外線を利用した簡易非破壊糖度計などが開発され，収穫判定に使用されている．

［河合義隆］

文　献

1)　Lang, G. A., *et al.* (1987)：Endo-, para-, and ecodormancy：Physiological terminology and classification for dormancy research. *HortScience,* **22**：371-377.
2)　斎藤　隆他（1992）：園芸学概論．文永堂出版．

3) Moser, B. C. and C. E. Hess (1968) : The physiology of tuberous root development in dahlia. *Proc. Amer. Soc. Hort. Sci.,* **93** : 595–603.
4) 加藤　徹 (1967) : 野菜の結球現象. 野菜の発育生理と栽培技術 (杉山直儀編), p.63–100, 誠文堂新光社.
5) 金子英一・今西英雄 (1985) : フリージア球茎における休眠の様相. 園学雑, **54** : 388–392.
6) 小西国義 (1982) : 植物の生長と発育, p.32, 養賢堂.
7) Fukai, S. and M. Goi (2001) : Comparative morphology of floral initiation and development in three different flower types of tulip. *Tech. Bull. Fac. Agr. Kagawa Univ.,* **53** (Serial No. 106) : 25–29.
8) 今西英雄 (2005) : 球根類の開花調節 56 種類の基本と実際, 農山漁村文化協会.
9) Wood, W. (1953) : Thermonasty in tulip and crocus flowers. *J. Exp. Bot.,* **4** (10) : 65–77.
10) Passecker, F. (1949) : Zur Frage der Jugendformen beim Apfel. *Züchter,* **19** : 311–314.
11) 杉浦　明編著 (2004) : 新版 果樹栽培の基礎, 農山漁村文化協会.
12) 滝本　敦 (1973) : ひかりと植物, 大日本図書.
13) 斎藤　隆 (1970) : イチゴの花芽形成. 農業および園芸, **45** : 895–900.
14) Galston, A. W. and P. J. Davies (1970) : *Control Mechanisms in Plant Development,* Englewood Cliffs.
15) Wareing, P. E. and I. D. J. Philips (1970) : *The Control of Growth and Differentiation in Plants,* Pergamon Press.
16) 吾妻浅男・島崎純一・犬伏貞明 (1983) : 種子の低温処理によるスターチス・シヌアータの開花促進について. 園学雑, **51** : 466–474.
17) 加藤　徹 (1964) : ハナヤサイの花蕾の分化発育について (第 1 報) 花蕾の分化発育に関する生態学的研究. 園学雑, **33** : 316–326.
18) 五井正憲他 (1974) 花木はち物の促成に関する研究 (第 1 報) わい性ハナモモ‘アメンドウ’について. 園学雑, **42** : 353–360.
19) Moe, R. and A. Wickstrøm (1973) : The effect of storage temperature on shoot growth, flowering, and carbohydrate metabolism in tulip bulbs. *Physiol. Plant,* **28** : 81–87.
20) 伊東秀夫・斎藤　隆 (1964) : キュウリの雌雄性の分化. 植物生理, **4** : 141–152.
21) 熊代克巳・鈴木鐵男 (1977) : 新版 図集・果樹栽培の基礎知識, 農山漁村文化協会.
22) 小林　章 (1986) : 改訂版 果樹園芸大要, 養賢堂.
23) 伊庭慶昭他 (1985) : 果実の成熟と貯蔵, 養賢堂.
24) 文部科学省 (2015) : 食品標準成分表 (七訂).
25) 農山漁村文化協会編 (2011) : 農業技術大系　果樹編 8　共通技術, 農山漁村文化協会.

7 生育環境と栽培

〔キーワード〕 土壌，三相分布，団粒構造，土壌 pH，必須元素，施肥，光合成，C_4 植物，CAM 植物，CO_2 施用，変温管理，飽差

7.1 土壌環境と管理

土壌は植物の成長に必要な養水分や空気を根に供給し，また根圏の温度や pH などの環境変化を和らげる緩衝作用をもつ．農業において従来から土づくりが重視されているのは，成長に最適な根部環境を維持できる土壌に整えることが栽培成功の鍵であると，経験的に知られていたからである．

a. 土壌の物理性

(1) 三相分布

土壌を固相・液相・気相の三相に分けたとき，土壌の全容積に対する各相の割合（%）を三相分布という．土壌の基本構造である固相は岩石由来の鉱物粒子と腐植や生物からなり，その隙間部分（孔隙（こうげき））を液相である水分，気相である空気が占める．根は孔隙をぬって伸長し，そこで養水分や酸素を得ることから，土壌の三相分布は作物の生育に大きく影響する．液相と気相のバランスは降雨や灌水等で大きく変動するが，固相率はほとんど変動せず，

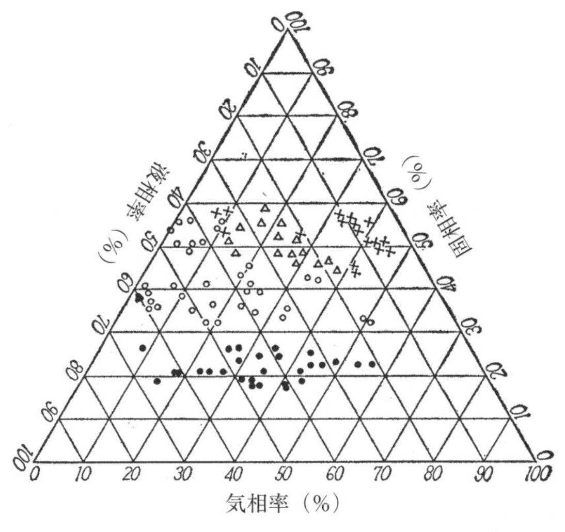

図 7.1 異なる水分条件下における土壌の三相分布（美園，1962）

また土壌の種類によって特徴が異なる（**図 7.1**）.

火山灰土は固相率が 20 ～ 30％と低く，軽くて柔らかい土壌であることから根菜類の栽培に適している．砂質土は液相率が 10 ～ 20％と低いが，これは孔隙が大きく水が重力で下方に流れやすいためで，作物の利用できる水分（有効水分）が少ない．しかし，通気性に富み，つねに気相が確保できるため，自動灌水等の導入により高い生産性が期待できる土壌である．砂質土に比べて粒径の細かい粘土やシルトなどを多く含む粘質土は，水が毛管作用で保持され有効水分が多いものの，気相率が低く大雨の後などは根が酸欠に陥りやすい．そのような場合は高畝や暗渠など排水性を高める対策が必要となる．

(2)　団粒構造

園芸作物の生育に適した三相分布を維持できる土壌は，適度な保水性と透水性（通気性）を兼ね備えている．この一見相反する性質を同時に満たすことのできる土壌の構造は，単独に土壌粒子が存在する単粒構造でなく，土壌粒子が高次に団粒を形成する団粒構造となっている（**図 7.2**）．団粒内部の孔隙の毛管作用で水が保持され，団粒間の大きな孔隙により透水性が確保される．土壌に団粒を積極的に形成させるには，有機質資材を投入して土壌微生物や小動物の活動を活発化することが効果的である．それら生物の出すバイオフィルムや代謝作用により，土壌粒子が結びつけられ団粒化が促進される．

b.　土壌の化学性

(1)　陽イオン交換容量（CEC）

土壌コロイド粒子は負に帯電しているため，水素イオン（H^+）や NH_4^+，K^+，Ca^{2+}，Mg^{2+}，Na^+ などの交換性塩基が電気的に吸着されている（**図**

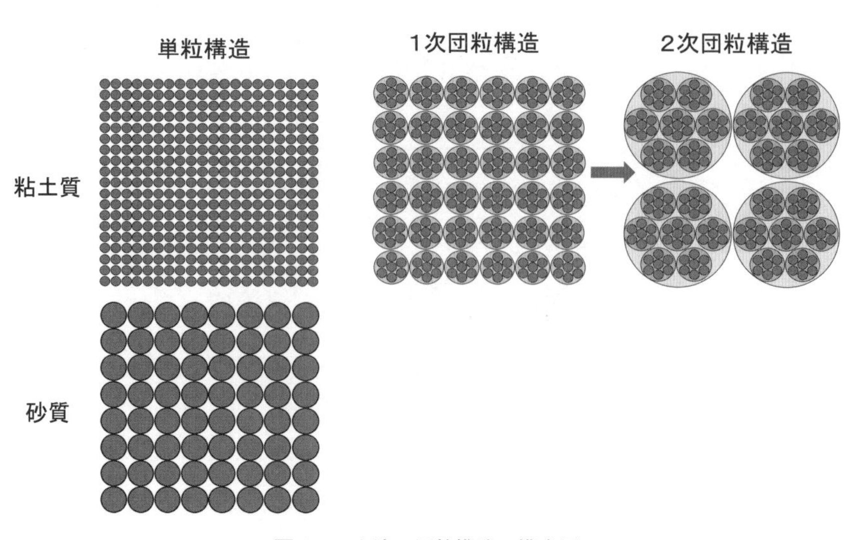

図 7.2　土壌の団粒構造の模式図

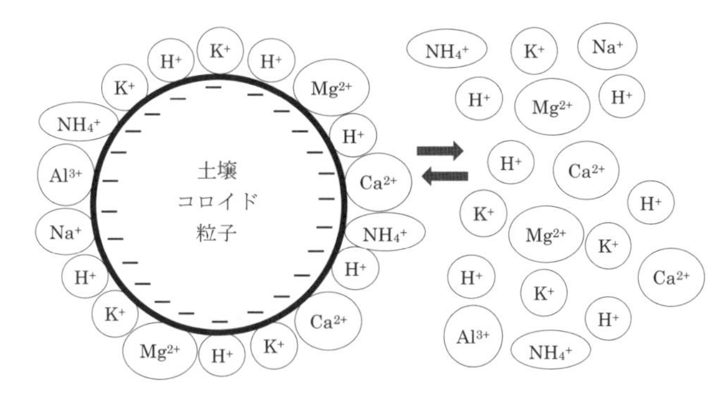

図 7.3　土壌コロイド粒子と土壌溶液間の陽イオン平衡関係

7.3）．土壌コロイド粒子に陽イオンがどれだけ吸着できるかを示す値が陽イオン交換容量（CEC；cation exchange capacity）であり，土壌の保肥力の目安となる．CEC は火山灰土や有機物の多い土壌で高く，砂質土で小さい．CEC が小さい土壌では与えた肥料が濃度障害を起こしやすく，また雨で溶脱しやすいため，基肥の割合を少なくして分施を心がける必要がある．

CEC の単位
CEC の単位は meq/100 g がこれまで使われてきたが，SI 単位の $cmol_c\ kg^{-1}$ に変更された．

(2)　土壌 pH

土壌 pH は土壌の酸性度を示す指標であり，液相である土壌溶液の，水素イオン濃度の逆数の対数値である．肥料成分の土壌中での形態や吸収されやすさは土壌 pH に左右される．たとえば酸性に傾いた土壌では，Al や Mn が可溶化するため過剰害が出やすくなるだけでなく，可溶化した Al，Fe がリン酸と結合して難溶性リン酸塩となるためリン酸欠乏が起こりやすい（**図 7.4**）．逆にアルカリ性に傾き過ぎると Fe，Mn，Zn などの微量要素が吸収されにくいかたちとなり欠乏が起こる．園芸作物は一般に，pH6.0 ～ 7.0 の弱酸性～中性の土壌で正常に生育するが，好適 pH は作物によって大きく異なる（**表 7.1**）．

降水量の多い日本では土壌が酸性化しやすいが，これには酸性雨水に含まれる H^+ の直接的な影響だけでなく，硫安（硫酸アンモニウム）などの生理的酸性肥料の施用による H^+ の増加も関わっている．土壌コロイド粒子に吸着していた Ca^{2+} などの塩基が H^+ に置換され，雨水とともに下層に溶脱されることが土壌酸性化の原因である．一方で，雨の入らない施設栽培では土壌に塩類が集積して pH が上昇する傾向にある．作付け前には土壌 pH を補正するために，必要量の石灰質肥料を施用して土壌改良を行うことが望ましい．

土壌 pH の測定方法
土壌 pH は通常，2.5 倍量の蒸留水を加えた土壌懸濁液で測定するが，1N の KCl 溶液で抽出することもあり，この場合は水抽出の場合より 0.5 ～ 1 低い値となる．後者は土壌コロイド粒子に吸着していた H^+ が K^+ と交換されて土壌溶液に溶出するため，その土壌の潜在的な酸性が示される．

(3)　土壌 EC

電気伝導度は溶液中の電気の流れやすさを表す指標で，英語の electric conductivity を略して EC とも呼ばれる．純粋な水は電気をほとんど通さないが，溶存イオン量が多いほど水は電気を通しやすくなり，EC 値が高くなる．EC 測定は比較的簡便に実施できることから，土壌の塩類濃度の目安として土壌 EC が広く用いられている．土壌 EC は土壌中の硝酸態窒素含量と

土壌 EC の単位
土壌 EC は通常，土壌の 5 倍量の蒸留水を加えて懸濁した溶液で測定され，単位は $dS\ m^{-1}$（デシジーメンス・パーメーター）である．以前は $mS\ cm^{-1}$ が使われていたが，SI 単位に変更された．

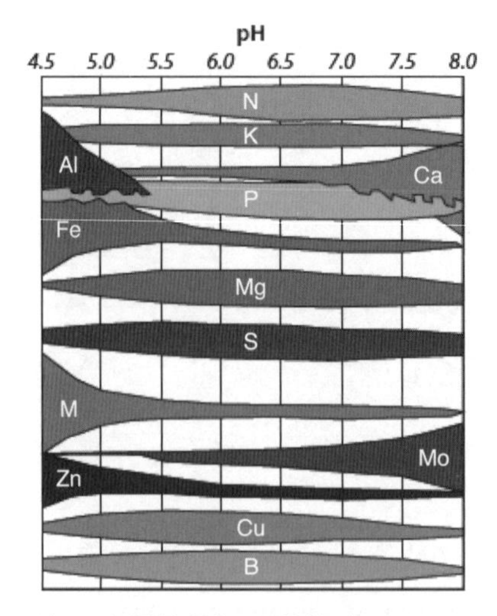

図 7.4　土壌 pH と肥料成分の可給性（Ritchey *et al.*, 2016）

表 7.1　園芸作物の好適 pH

	好適 pH	野　菜	果　樹	花　卉
酸性に弱い	6.5 〜 7.0	ホウレンソウ	イチジク	
酸性にやや弱い	6.0 〜 7.0	トマト，エンドウ，キャベツ，アスパラガス		カーネーション
	6.0 〜 6.5	キュウリ，ナス，ピーマン，エダマメ，ハクサイ，ブロッコリー，レタス	カキ，ブドウ，モモ，オウトウ	キク，シクラメン，バラ，ユリ
酸性にやや強い	5.5 〜 6.5	イチゴ，タマネギ，ニンジン，ダイコン	ウメ，ナシ，リンゴ	
	5.5 〜 6.0	ジャガイモ，サツマイモ，ショウガ	ミカン	
酸性に強い	5.0 〜 5.5		ブルーベリー，クリ	ツツジ

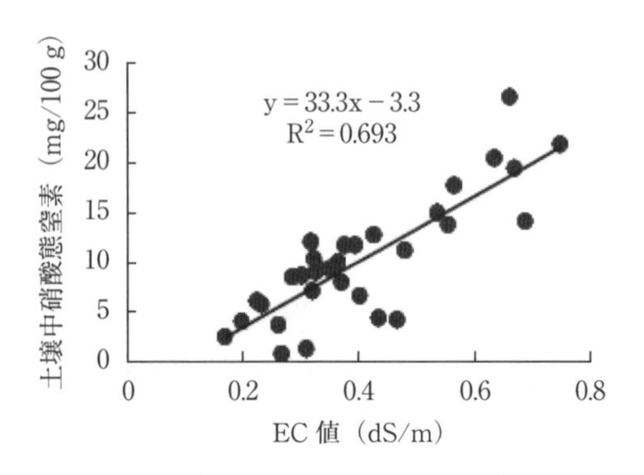

図 7.5　土壌 EC と土壌中硝酸態窒素含量の関係（和歌山県農林水産部，2011）
露地野菜収穫後；和歌山市，昭和 63 年調査

の相関が強いため（**図 7.5**），窒素施肥のための簡易な土壌診断にも使われる．土壌の種類により異なるが，土壌 EC が 0.5 dS m^{-1} を超える場合は硝酸態窒素含量が 15 ～ 20 mg/100 g 以上あると推定されるため，施肥窒素を減らすなどの措置がとられる．

7.2　養分吸収と施肥

作物は生育に必要な養分を土壌から吸収し，葉あるいは根で同化している．各元素がどのようなかたちで植物に吸収され，またどのような作用をもつかを知ることで，作物の健全な生育と，無駄のない施肥が可能となる．

a.　必須元素の役割

植物の必須元素とは，植物の生育に欠かすことができず，直接的に代謝に関与している元素のことである．必須元素は炭素 C，水素 H，酸素 O，窒素 N，リン P，カリウム K，カルシウム Ca，マグネシウム Mg，硫黄 S，鉄 Fe，マンガン Mn，銅 Cu，亜鉛 Zn，モリブデン Mo，ホウ素 B，塩素 Cl，ニッケル Ni の 17 種類が知られており，植物体中の存在量によって，S までの 9 元素を多量要素，Fe 以下の 8 元素を微量要素として区別している．必須元素の吸収形態と生理作用は**表 7.2** にまとめた通りである．必須元素にはそれぞれ独自の生理作用があり他の元素による代替はきかないものの，Mo や B など一部の微量要素ではその要求量が植物の種類によって大きく異なる．

b.　肥料と施肥

園芸作物の栽培においては，収穫により土壌中の無機成分が収奪されるため，生育に必要な栄養素を肥料として補給する施肥（fertilization）が欠かせない．特に窒素（N），リン酸（P_2O_5），カリ（K_2O）は作物の要求量が多いことから，肥料の三要素と呼ばれ，その施用量や方法が収量や品質に大きく影響する．

(1)　窒　素

植物は窒素をおもにアンモニア態（NH_4^+）あるいは硝酸態（NO_3^-）の無機態で吸収し，有機態で与えられた窒素も土壌中で分解され無機化されてから吸収する．窒素質の化学肥料としては，硫安（$(NH_4)_2SO_4$）や尿素（$CO(NH_2)_2$）が，安価なこともあり園芸生産でよく使われている．尿素は有機態であるが土壌中ですぐアンモニア態に分解されるため，どちらも有機質窒素肥料より即効的にはたらく．陽イオンである NH_4^+ は，土壌コロイド粒子に吸着され，そこで硝化細菌により徐々に硝化されるため（**図 7.6**），硝酸態（NO_3^-）で与えるよりも溶脱しにくく，基肥に適している．ただしホウレンソウやトマトなど好硝酸性の作物ではアンモニア過剰害が出やすいた

表 7.2 必須元素の生理作用と欠乏症状

	元素	生理作用	欠乏症状
多量要素	炭素（C） 水素（H） 酸素（O）	水（H_2O）と二酸化炭素（CO_2）として取り込まれる．光合成でつくられる有機物の主要成分．C は植物体乾物の 40 ～ 50% を占める．H と O は植物体の 70 ～ 90% を占める水の構成元素	—
	窒素（N）	おもに NO_3^- あるいは NH_4^+ として吸収される．構成タンパク質，酵素タンパク質，含窒素化合物の構成元素．葉では乾物の 2 ～ 5% 程度の N が含まれる	古葉の黄化，枯上がり．NH_4^+ は過剰害が出やすい
	リン（P）	HPO_4^{2-} として吸収される．核酸，リン脂質，NADP，ATP の構成元素．光合成，呼吸におけるリン酸化に関与	古葉の紫色化，暗緑色化
	カリウム（K）	K^+ として吸収される．植物体内で水溶性の無機塩・有機酸塩として存在し，原形質構造の維持，pH，浸透圧の調節，気孔の開閉に関与	古葉周縁の黄褐色化
	カルシウム（Ca）	Ca^{2+} として水とともに吸収される．生体膜と細胞壁の構造・機能の維持．有機酸塩，無機酸塩として存在	分裂組織に現れる．トマト尻腐れ，ハクサイ心腐れ，リンゴビターピット等
	マグネシウム（Mg）	Mg^{2+} として吸収される．葉緑素の構成元素．ATP 分解酵素や窒素代謝酵素の活性化に関与	古葉の葉脈間クロロシス
	硫黄（S）	SO_4^{2-} として吸収される．メチオニンなど含硫アミノ酸やイソチオシアネートなど含硫化合物，チアミン，グルタチオンなどの構成元素	わが国では欠乏しにくい
微量要素	塩素（Cl）	Cl^- として吸収される．K^+ のカウンターアニオンとして浸透圧調節に関与．植物体乾物の 100 ppm 以上含まれる	わが国では欠乏しにくい
	鉄（Fe）	主に Fe^{2+} として吸収される．含鉄酵素として，光合成や呼吸における電子伝達系や酸化還元反応を触媒	先端葉のクロロシス
	マンガン（Mn）	Mn^{2+} として吸収される．高 pH では Mn^{4+} となり不溶化．脱水素，脱炭酸，加水分解反応の活性化，光化学系 II で電子の受け渡しに関与．葉緑体中に多く存在する	中上位葉の葉脈間クロロシス
	ホウ素（B）	BO_3^{3-} や BO_2^- として吸収される．細胞壁形成，細胞分裂，伸長に関与．双子葉植物，特にアブラナ科では要求性高く，植物体乾物あたり 20 ～ 80 ppm 程度必要	組織が脆くなる．ダイコン・ハクサイ心腐れ，チューリップ首折れ
	亜鉛（Zn）	オーキシン代謝，タンパク合成に関与	新葉の葉脈間黄化（トラ斑）．葉脈間褐色小斑点
	銅（Cu）	光合成と呼吸における重要な酵素の構成成分	根の伸長抑制，古葉の黄化，ウンシュウミカン新梢にゴムポケット
	ニッケル（Ni）	ウレアーゼ（尿素分解酵素）の構成成分	欠乏しにくい
	モリブデン（Mo）	MoO_4^{2-} として吸収される．硝酸還元酵素とニトロゲナーゼの構成成分で窒素同化に関与．一般的には植物体乾物あたり 1 ppm 以下の含有量	ブロッコリー鞭状葉病，ポインセチア葉脈間黄化

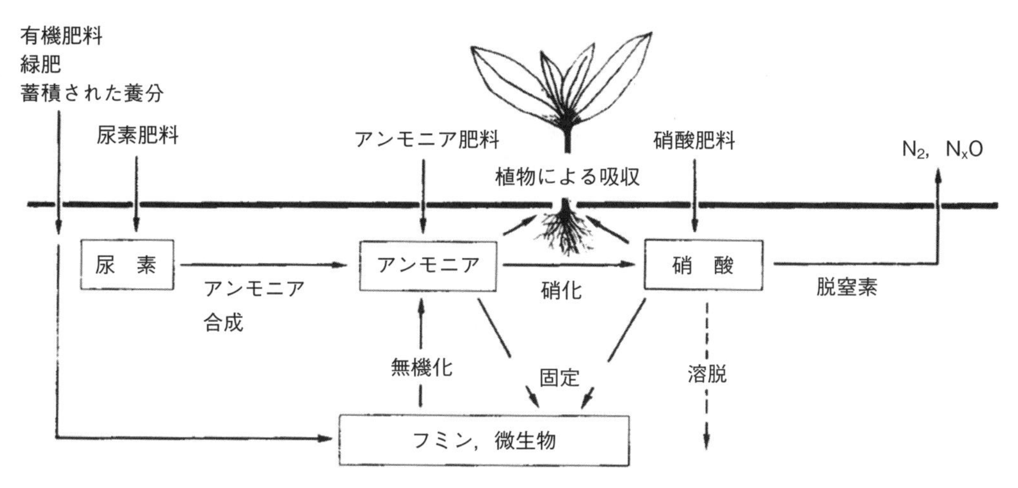

図 7.6　窒素質肥料の動態（Mohr and Schopfer，1998 を一部改変）

め，特に低温期の砂質土のような条件下では施用に注意を要する．施設栽培で副成分（硫酸根）の集積を避けたい場合や，養液土耕（灌水同時施肥）のように必要量をその都度与えるときには，高価であるが即効的な硝酸塩肥料が使われている．より即効性を求める場合は，応急的に尿素などが葉面散布されている．

なお，近年利用が増えている肥効調節型肥料は，有機質窒素のようにあえてゆっくりと効かせたい場合に用いられ，加水分解や微生物分解に時間がかかるようにした化学合成窒素肥料（IB，CDU など）と，安定的な被膜で覆って溶出パターンを調整したコーティング肥料とがある．他に硝化抑制剤を添加して硝酸態窒素の溶脱を抑えるタイプもあるが，園芸作物には適さない．このような緩効性の肥料を活用することで，追肥しにくいマルチ栽培における窒素全量基肥法も検討されている．

(2)　リン酸

リン酸質化学肥料に含まれるリン酸には，水溶性のものとク溶性（2％クエン酸に溶解する成分）のものがある．水溶性リン酸は，過リン酸石灰，リン安等の肥料に含まれ，即効性で特に幼植物に対して有効である．しかし土壌溶液中（土壌の液相）で Al，Fe と反応し難溶塩・不溶塩として固定されやすい．一方，熔成リン肥（熔リン）などの肥料に含まれるク溶性リン酸は，水に溶けないリン酸形態であり，土壌溶液中に溶け出さない．つまり難溶塩として土壌に固定されにくい形態であるため，リン酸吸収係数が高い火山灰土などで活用される．ク溶性リン酸は土壌中で炭酸や根酸により徐々に溶け出し作物に利用されるため，緩効性である．また水とともに土壌中を移動できないため追肥には適さず，すべて基肥で施される．

(3)　カリウム

園芸作物栽培によく使われるカリ質化学肥料は，硫酸カリ，重炭酸カリなどの塩であり，含まれるカリウムは水溶性で即効的である．カリウムは植物による要求量が多いため不足しないように施与する必要があるが，植物はカリウムをぜいたく吸収する傾向にあり，過剰に与えても効果は頭打ちとなる．植物は特にカリウム過剰害を示すことはないものの，土壌中の大量のK^+は他の塩基（Ca^{2+}やMg^{2+}）の溶脱を促し土壌の塩基バランスを崩すだけでなく，植物によるCa，Mg吸収にも拮抗的にはたらく．そのため，カリウムは必要量の半分以上が追肥として分施される．

7.3 光合成と環境要因

作物生産において，光合成速度を上昇させることは植物体の成長速度の上昇に直結し，また光合成産物の収穫部位への転流や分配を促進させることは，収量や品質の向上に大いに寄与する．生産効率が重視される施設園芸や植物工場などにおいては特に，光合成効率を高める環境条件の把握と制御が重要である．

a. 光合成のしくみ

(1) チラコイド反応

光合成（photosynthesis）とは，光エネルギーを使って二酸化炭素（CO_2）と水から炭水化物と酸素を合成する反応で，炭酸同化（carbon assimilation）ともいう．反応式で表すと以下のようになる．

$$6CO_2 + 6H_2O \rightarrow C_6H_{12}O_6 + 6O_2$$

植物の光合成の場は，葉肉細胞など緑色の細胞の中に多数存在する葉緑体（クロロプラスト）である（**図7.7**）．葉緑体内部の扁平な袋構造をしたチラコイドの膜上では，光エネルギーが化学エネルギーに変換される．具体的には光合成色素（クロロフィルとカロテノイド）とタンパク質との複合体が集めた光エネルギーにより活性化したクロロフィルが，水からH^+とe^-（電子）を取り出して電子伝達系を駆動し，ATPとNADPHを生成させている（**図7.8**）．この光化学反応および電子伝達・光リン酸化反応はチラコイド反応と呼ばれる．

ATP
アデノシン三リン酸のことで，高エネルギーリン酸結合がひとつはずれるとアデノシン二リン酸（ADP）となってエネルギーが放出される．

NADPH
補酵素ニコチンアミドアデニンジヌクレオチドリン酸のことで，高エネルギー状態のH^+により還元されて$NADPH_2$となる．

(2) ストロマ反応

葉緑体の基質であるストロマでは，CO_2を固定・還元してグルコースやデンプンをつくる酵素反応が進行する．このストロマ反応において，気孔から取り込まれたCO_2はまず炭素数5（C_5）の化合物であるRuBP（リブロース-1,5-ビスリン酸）と反応して，炭素数3（C_3）の化合物であるPGA（3-ホスホグリセリン酸）2分子となる．このCO_2固定反応を触媒するのはルビスコ（Rubisco；RuBPカルボキシラーゼ／オキシゲナーゼ）と呼ばれる酵素である．PGAは，チラコイド反応で生成したATPのエネルギーとNADPHの還元力を使って，GAP（グリセルアルデヒド-3-リン酸）に還元される．生成したGAPの1/6はグルコースやデンプン合成に用いられ，残りは複雑な反応を経て再びRuBPとなる．この回路をなす一連の反応は，発見者にちなみカルビン・ベンソン回路と呼ばれている（**図7.9**）．

(3) 光呼吸

体内のCO_2濃度が低いとき，あるいはCO_2濃度に比べて光が強すぎるとき，葉緑体に取り込まれた光エネルギーとつくりだされた還元力は過剰になり，生体を損傷しかねない．このときカルビン・ベンソン回路では，ルビス

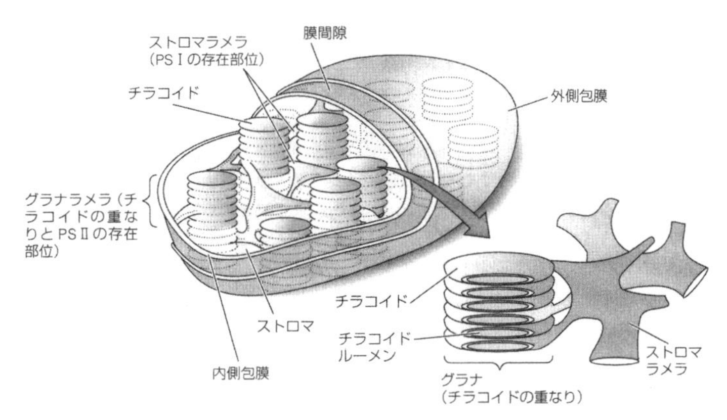

図7.7 葉緑体の構造（Taiz and Zeiger, 2004 より）

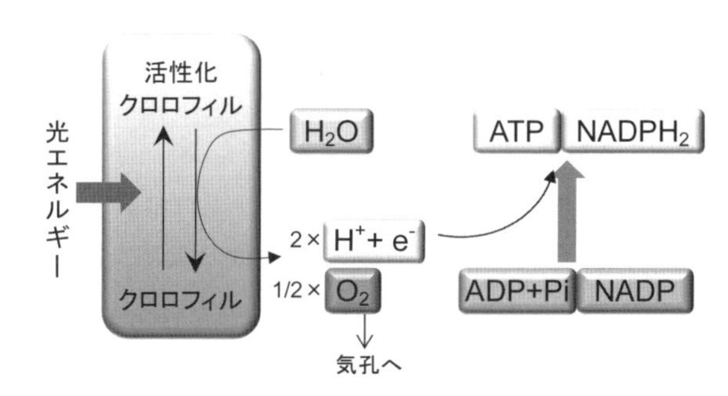

図7.8 チラコイド反応

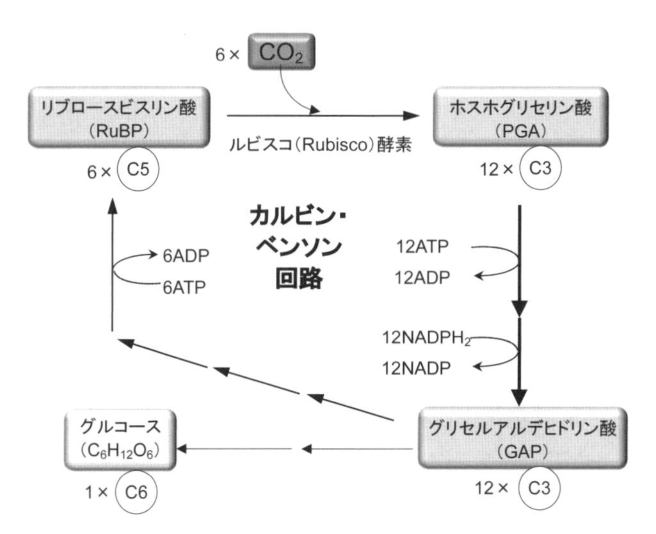

図7.9 カルビン・ベンソン回路

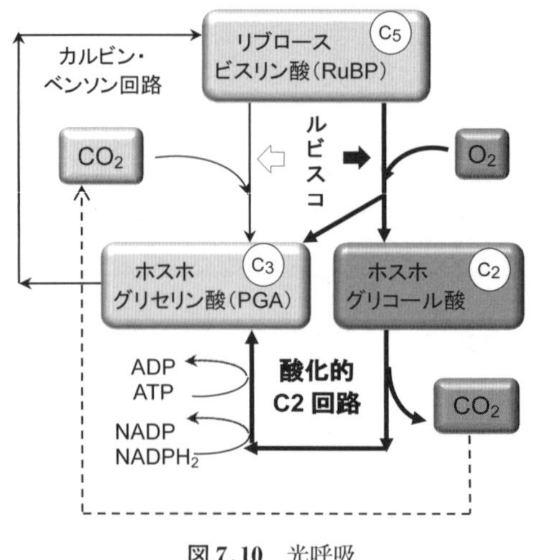

図 7.10　光呼吸

光阻害
過剰な光エネルギーによる光合成系の阻害.

コのカルボキシラーゼ反応の基質である CO_2 が不足し RuBP が余剰となっている．そのようなときルビスコは CO_2 でなく酸素（O_2）を付加させる反応（オキシゲナーゼ反応）を触媒するようになり，これが光阻害からの防御につながっていると考えられている．オキシゲナーゼ反応の産物であるホスホグリコール酸は，酸化的 C_2 回路と呼ばれる複雑な回路に入り，最終的に CO_2 を発生させカルビン・ベンソン回路の PGA に戻る（**図 7.10**）．この一連の反応は，O_2 を消費して CO_2 を生成させることから光呼吸とも呼ばれる．

(4)　C_4 植物と CAM 植物

植物の中には CO_2 濃縮機構ともいうべきもう 1 つの CO_2 固定系をあわせもつものがあり，葉緑体内 CO_2 を高濃度に維持できるため，ルビスコのオキシゲナーゼ反応が抑えられ高い炭素固定効率が実現している．それらの植物は葉肉細胞へ取り込んだ CO_2（正確には HCO_3^-）をまず炭素数 3（C_3）の化合物であるホスホエノールピルビン酸（PEP）と反応させ，炭素数 4（C_4）の化合物であるオキサロ酢酸やリンゴ酸を生成させる．この CO_2 固定反応を触媒するのは HCO_3^- との親和性が高い PEP カルボキシラーゼであるため，CO_2 濃度が低くても効率よく反応が進む．産物の C_4 化合物は近くの維管束鞘細胞へ運ばれ（**図 7.11**），そこで脱炭酸により CO_2 が取り出され，葉緑体ストロマのカルビン・ベンソン回路で再固定される．脱炭酸されて残った C_3 化合物は再び葉肉細胞へと戻される（**図 7.12**）．このような C_4 ジカルボン酸回路を有する植物は C_4 植物と呼ばれ，高い光合成効率を示すが，園芸作物ではイネ科のスイートコーン，ヒユ科のケイトウなどわずかしかない．

C_4 植物の CO_2 濃縮機構が場所の移動に基づく空間的分業システムといえるのに対し，時間的分業システムともいえる CO_2 濃縮機構をもつのが CAM 植物である．これらは水分損失の少ない夜間に気孔を開け，取り込んだ CO_2 を夜の間に PEP カルボキシラーゼで固定し，生成したリンゴ酸を液胞

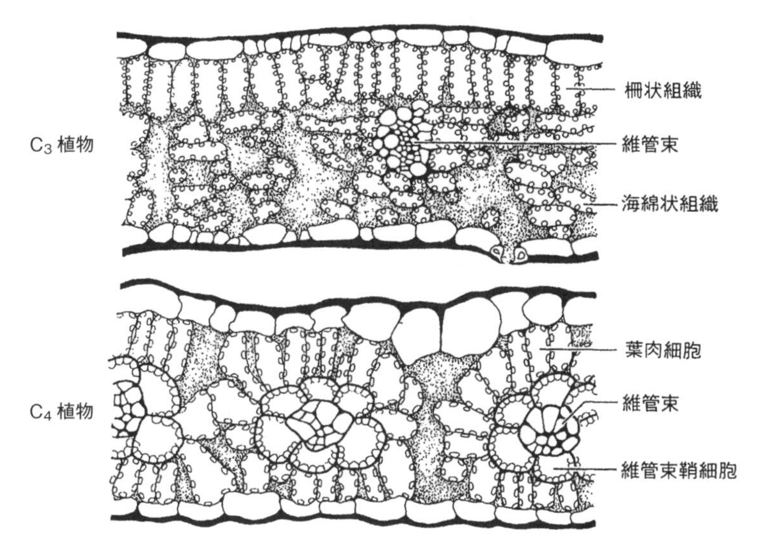

図 7.11 C_3, C_4 植物の葉の横断面（Mohr and Schopfer, 1998）
C_4 植物の維管束鞘細胞は大きく発達し葉肉細胞に囲まれている．これは花冠という意味のクランツ構造と呼ばれる．

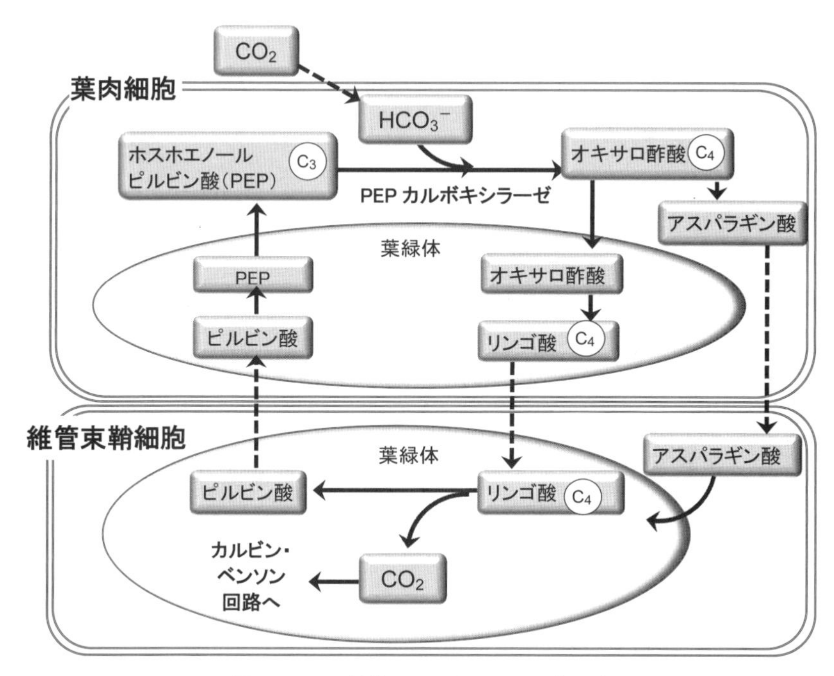

図 7.12 C_4 植物の C_4 ジカルボン酸回路

中に蓄える．そして日中は気孔を閉じ，リンゴ酸から脱炭酸して取り出した CO_2 をストロマにおけるカルビン・ベンソン回路に回すのである（**図 7.13**）．CAM 植物はベンケイソウ科，ラン科，パイナップル科，サボテン科などにみられる．

C_4 型光合成は強光や高温条件に，CAM 型光合成は乾燥条件に適応したシステムと考えられる．

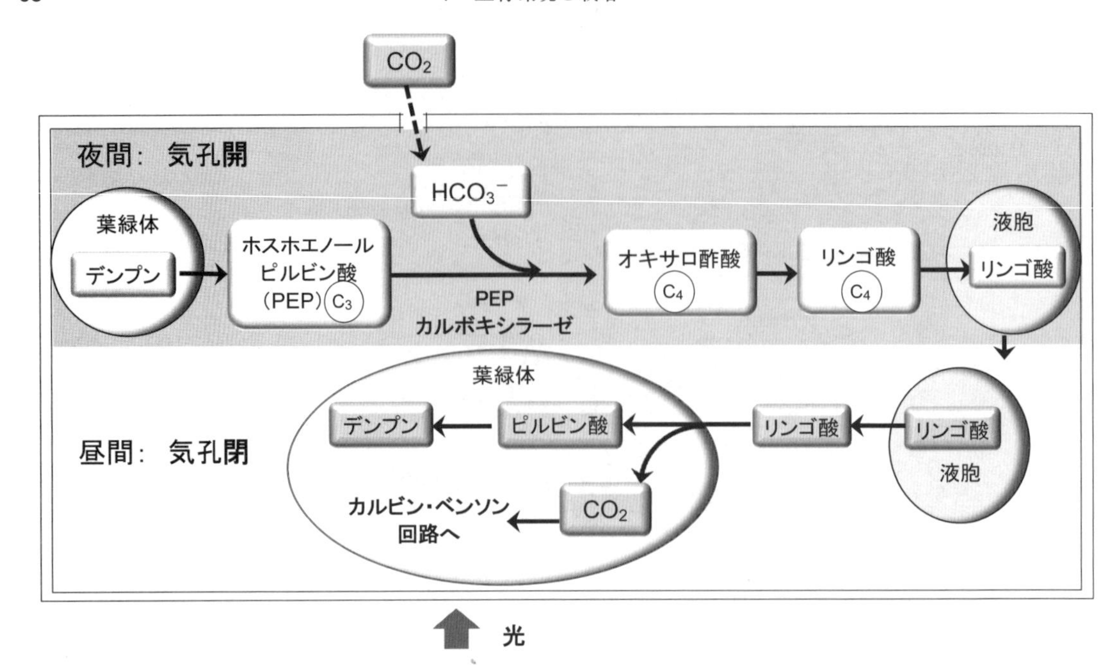

図 7.13　CAM 型光合成

b.　光合成に関わる環境要因

(1)　光強度

植物が光合成に利用する 400 ～ 700 nm の波長の光のことを光合成有効放射（PAR：photosynthetically active radiation）というが，その中でも青 450 nm 付近と赤 660 nm 付近にクロロフィルの吸収ピークがある（**図 7.14**）．植物工場などで単波長の LED を光源とする場合，青や赤の波長の LED がおもに用いられているのはそのためである．光強度の値は，以前は照度計で計測された照度（単位記号 lx）で表されていたが，現在では光合成関連の光については光合成光量子束密度（PPFD：photosynthetic photon flux density）が測定される（単位 μ mol $m^{-2}s^{-1}$）．これは単位時間に単位面積を通過する 400 ～ 700 nm の光量子の数となる．

クロロフィル
葉が緑色に見えるのは，クロロフィルが黄色や緑の波長の光を吸収しにくく，これらの光が散乱・透過するためである．クロロフィルのそばにはカロテノイド色素が必ず存在し，光の害からクロロフィルを保護する役割を果たしている．

光強度を変えて光合成速度を測定したとき，見かけの光合成速度が 0 になる光強度を光補償点，同じく定常状態に達する光強度を光飽和点と呼ぶ（**図 7.15**）．トマト，スイカ，メロンなどの野菜は，レタス，フキ，ミョウガなどと比べて，光補償点・光飽和点ともに高い（図 7.15，**図 7.16**）．前者は強光下でも光エネルギーを光合成に利用できるが，後者は強光阻害を受けやすい．しかし弱光下では後者のほうが光合成速度が高くなる．

日本における真夏の直射日光は，照度で 100,000 lx 以上，PPFD でおよそ 1800 μ mol $m^{-2}s^{-1}$ 以上となり，前述の強光を好むタイプの野菜の光飽和点（60,000 ～ 70,000 lx）よりも高くなる．しかし個体内や個体間で遮蔽があるため，群落としては光飽和に達していないことが多い．人工光型植物工場でのレタス生産には，曇天程度の光強度 10,000 ～ 25,000 lx が設定さ

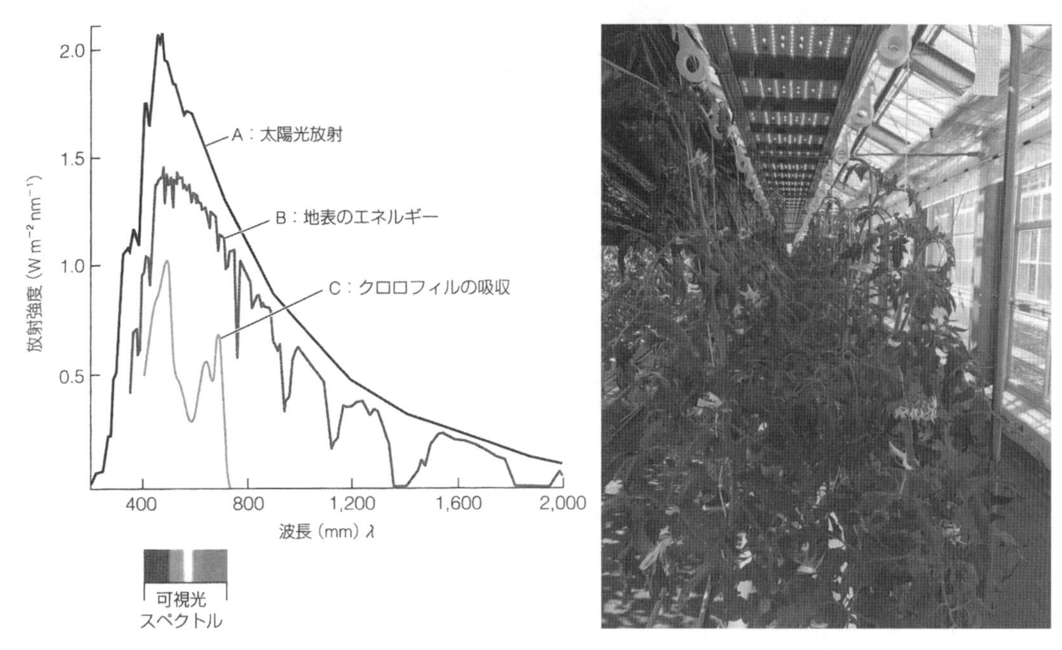

図 7.14 光合成有効放射と LED 補光

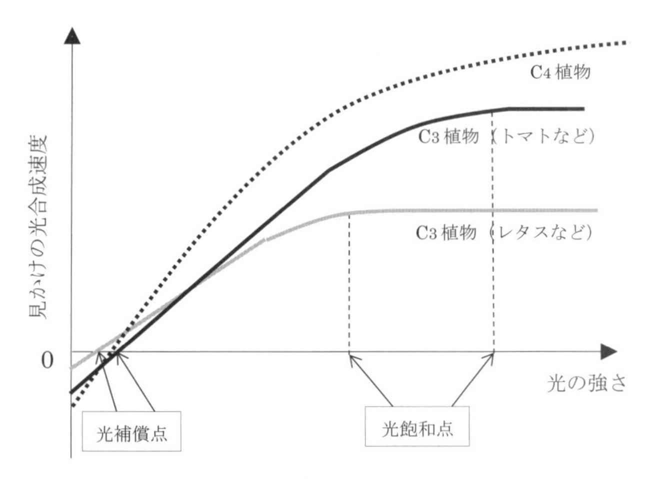

図 7.15 光強度が光合成速度に及ぼす影響

れる．

(2) CO_2 濃度

現在大気中の CO_2 濃度はおよそ 400 ppm である．光合成速度は CO_2 濃度が上昇すると直線的に上昇し，高 CO_2 濃度になるにしたがって速度上昇が緩やかになり，やがて飽和に達する（**図 7.17**）．十分に光が強いときは，CO_2 濃度 2,000 ppm 程度まで光合成速度が上昇するが，光強度が不十分なときは光が光合成の限定要因となるため，より低い CO_2 濃度で飽和する．人工光型植物工場の照明のような光条件下では，液化 CO_2 ボンベにより室内 CO_2 濃度を 700 〜 1,500 ppm に制御することが多い．

冬期の施設栽培において，日の出後，無換気状態のまま作物の光合成が始

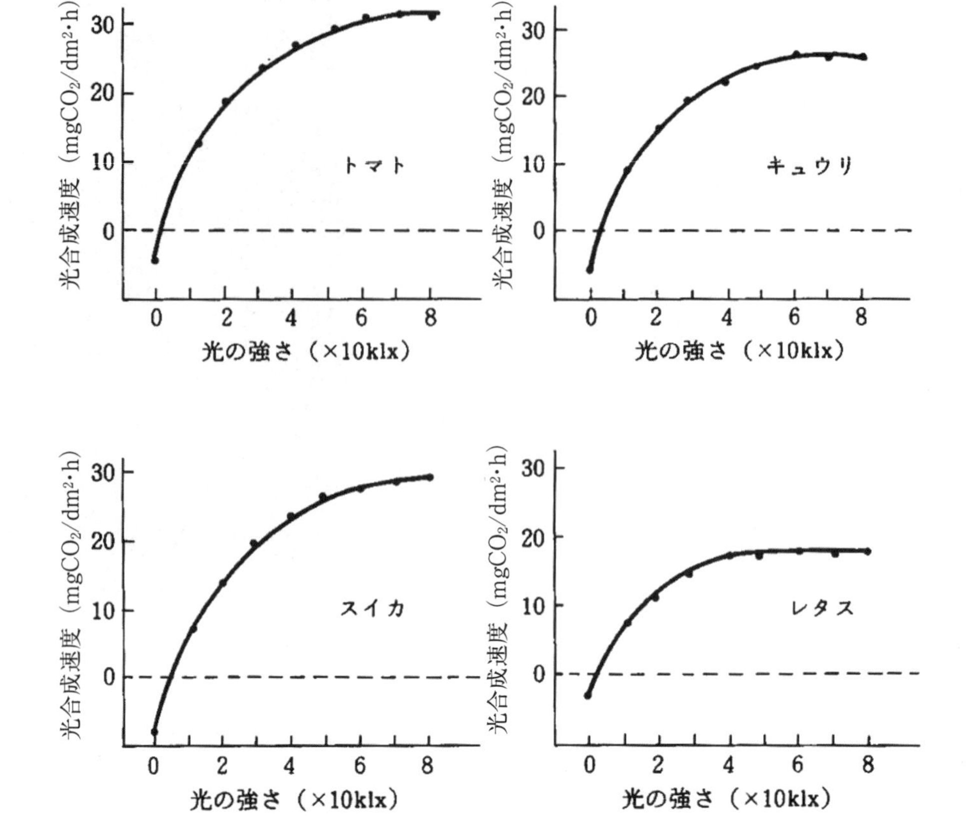

図 7.16 野菜の種類と光合成特性（池田，1978）

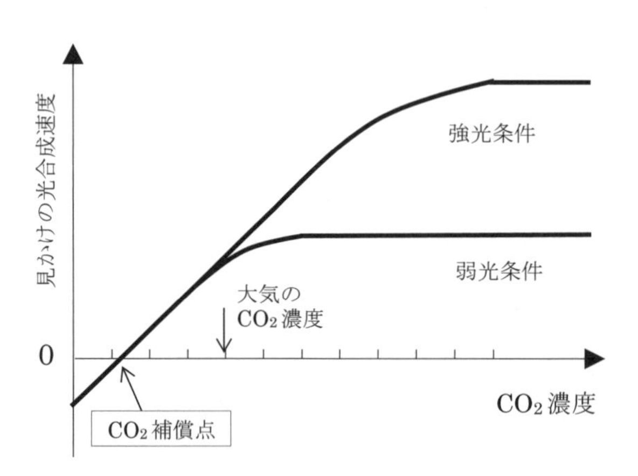

図 7.17 CO_2 濃度が光–光合成曲線に及ぼす影響

まると，施設内の CO_2 濃度が急低下して 100 ppm 以下に落ち込む場合もある．園芸作物に多い C_3 植物では特に，光合成速度が環境の CO_2 濃度に左右されやすいため，そのような低 CO_2 濃度下では光合成が著しく抑制される．このような場合，燃焼式 CO_2 発生装置や液化 CO_2 ボンベにより CO_2 を施用することで収量増が期待できる．養液栽培施設では土壌中の微生物からの CO_2 放出が見込めないため，CO_2 施用の効果はさらに大きくなる．CO_2 施用の際の濃度はこれまで700～1500 ppmに設定されることが多かったが，近年は大気と近い400～500 ppmを常に維持する「ゼロ濃度差CO_2施用法」が検討されている．この方法では，換気によるCO_2のロスが少ないため，日中も効率良く施用できる．

(3)　温　度

光合成の作用のうち温度による影響をまず受けるのは，ストロマでの二酸化炭素固定反応である．温度上昇に伴い光合成速度は上昇するが，呼吸速度はそれ以上に上昇するため（**図7.18**），これを差し引いた見かけの光合成速度（純光合成速度）はほとんどの園芸作物で18～28℃のときに最大となる（**図7.19**）．

夜間の高温は植物の維持呼吸を上昇させ，同化産物の無駄な消耗につながる．よって冬期の施設栽培における夜温管理は，呼吸による消耗の抑制や，燃料コスト削減の観点から，その作物の生育限界低温に近い温度に設定される．ただし日出前と日没後の数時間は生育適温に近い温度設定にするほうが，光合成開始に向けた体内準備や，日中につくられた同化産物の転流促進のために望ましい．このように夜温を時間帯に応じて設定する効率的な管理方法を変夜温管理と呼ぶ（**図7.20**）．

(4)　水と飽差

水は光合成の材料（基質）であり，また植物体の70～90%を占め，体内の膨圧維持や物質輸送に重要な役割を果たす．植物では体内水分の低下に伴い光合成速度は低下するが，外観の萎れがみられるよりも前から光合成速度は低下し始める．これは蒸散による体内水分損失を防ぐために，植物が気孔を閉じることによる．植物の体内水分は土壌水分含量だけでなく気温や湿度

植物の呼吸
植物の呼吸には維持呼吸と成長呼吸とがあり，前者は物質輸送・新陳代謝・膨圧維持など，現状維持のために必要な呼吸，後者は植物体の生長や発達のために用いられる呼吸である．

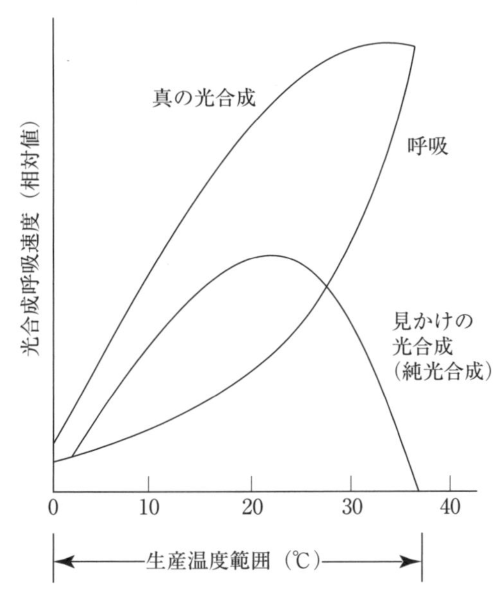

図7.18　温度とCO_2交換速度（Tranquillini, 1953をもとに作成：青木，1997）

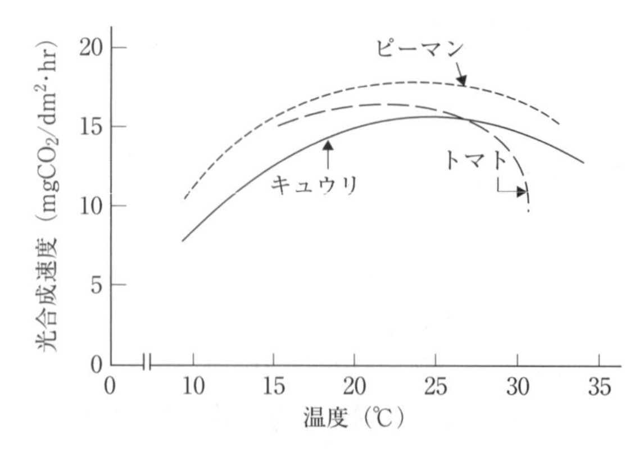

図 7.19　各作物の温度–光合成曲線（長岡ら，1980）

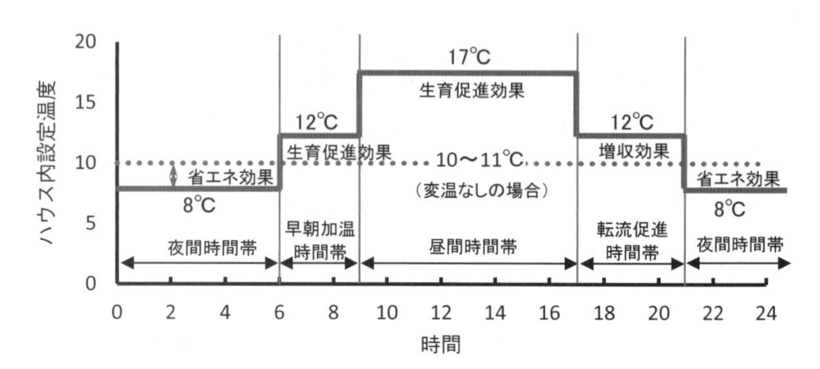

図 7.20　変温管理の施設内温度設定例（農林水産省生産局，2013）

にも左右され，空気が乾燥しているほど気孔を介した水分損失が激しくなるため，乾燥が過ぎる場合には気孔が閉じられる．

オランダの施設栽培では，空気の乾燥具合の指標である飽差を適切な範囲に収めることも光合成効率向上のために重要であるという考えから，温室内の飽差制御が積極的に取り入れられている．飽差はその温度における空気の飽和水蒸気分圧と，実際の水蒸気分圧との差である VPD 飽差（vapor pressure deficit，単位 hPa）および，飽和水蒸気密度と水蒸気密度との差である HD 飽差（humidity deficit，単位 gm^{-3}）で表される．オランダの施設栽培では 4 〜 7 hPa が作物に適した VPD 飽差の範囲とされており，この値は HD 飽差に換算すると約 3 〜 5 gm^{-3} になる．　［峯　洋子］

文　　献

1）美園　繁（1962）：容積法と土壌の物理性．日本土壌肥料学雑誌，**33**（1），p.52.
2）E. L. Ritchey *et al.*（2016）：Agricultural lime recommendations based on lime quality. *Agriculture and Natural Resources Publications*, **102**.
3）和歌山県農林水産部（2011）：土壌肥料対策指針（改訂版）.
4）H. Mohr and P. Schopfer（1998）：植物生理学，シュプリンガー.
5）L. Taiz and E. Zeiger（2004）：テイツ／ザイガー植物生理学，培風館.

6) 池田勝彦（1978）：光の強さが蔬菜の幼苗時の光合成に及ぼす影響に関する研究．学位論文．
7) W. Tranquillini（1955）：Die Bedeutung des Lichts und der Temperatur für die Kohlensäureassimilation von Pinus cembra-Jungwuchs an einem hochalpinen Standort. *Planta*, **46**, 154−178.
8) 青木宏史（1997）：光合成と一日の温度管理（変温管理）の考え方．農山漁村文化協会編，農業技術大系野菜編 第2巻，p.409，農山漁村文化協会．
9) 長岡正昭他（1984）：トマト・キュウリの光合成・蒸散に及ぼす環境条件の影響．野菜試験場報告，**A 12**：97−117．
10) 農林水産省生産局（2013）：省エネ型の施設園芸を目指して／施設園芸省エネルギー生産管理マニュアル 改定版．

施　設　園　芸

〔キーワード〕　プラスチックハウス，フェンロー型温室，環境制御技術，細霧冷房，点滴灌水，養液栽培，ロックウール耕，NFT，植物工場

現在わが国では季節を問わず新鮮な野菜や色鮮やかな花が手に入るが，これには施設園芸の発展の寄与するところが大きい．日本の施設園芸は江戸時代初期の油紙・こもを利用した被覆栽培がはじまりといわれ，今もべたがけやトンネルなど（**図 8.1**），簡易な被覆栽培が広く行われている．1960 年代になって農業用プラスチックフィルムが広く普及し，また施設内部の環境制御設備や栽培管理機器の充実が図られ，わが国の施設園芸は急速に発展した．現在では植物工場と呼ばれるほど高度な設備のある施設も国内 300 ヶ所以上で稼働している．

8.1　施設園芸の特徴

施設園芸（protected horticulture）は，出荷期間延長や品質向上のために，作物を低温や降雨などから保護する栽培方式のことである．トンネルや雨よけハウスも簡易な施設とみなされるが，温室（greenhouse）と呼べるのはプラスチックハウスとガラス室である．日本の温室の設置面積は

図 8.1　べたがけ（上）とトンネル栽培（下）

46,500 ha（2012年）で，全耕地面積の1%ほどしかないが，資本と労働を集約的に投入して高収益を狙う農業形態であるため，面積あたりの生産性は高い．施設園芸は水田・畑作や露地園芸と比べて，気象条件や土地条件に左右されにくく，より安定的な生産が望めることが特徴である．新規就農者の参入希望先として多いのも施設園芸であり，農業の中でも魅力ある分野の一つといえる．

a. 温室の被覆資材

温室は被覆物の違いにより，ガラス室とプラスチックハウスとに大別される．ガラス室は厚さ3あるいは4mmの板ガラスで被覆され，プラスチックハウスはプラスチックの軟質あるいは硬質フィルム，もしくはプラスチック板で被覆されている．日本の温室はプラスチックハウスが95%以上を占め，ガラス室よりも圧倒的に多いのが特徴である．1951年に農業用の塩化ビニルフィルム（農ビ，PVC）の実用化・生産が始まり，これを金属パイプの骨組みに展張した簡易なプラスチックハウスが以降広く普及したため，一般にはビニルハウスやパイプハウス，また単にハウスと呼ばれることが多い．

農ビは安価で保温性や初期の光透過性に優れていることから，現在でも温室外張り用の軟質フィルムとして最も使われているが，近年では「農PO」あるいは「PO系」と呼ばれる農業用ポリオレフィン系特殊フィルムの利用

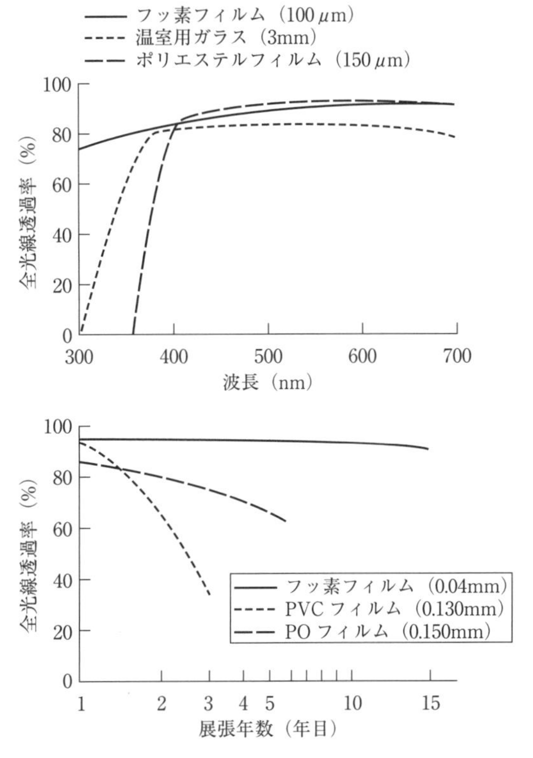

図8.2　温室の展張フィルムの光波長別透過特性（上）と光透過率の経年変化（下）（島地，2000）

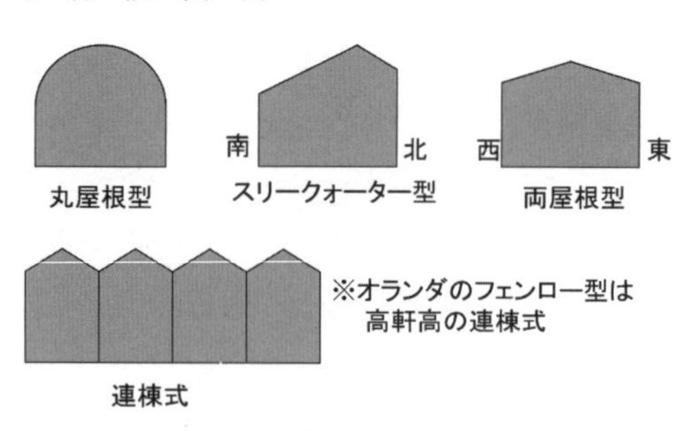

図 8.3　温室の形状による分類

が急増している．農 PO は，同じポリオレフィン系の農ポリ（ポリエチレンフィルム，PE）や農酢ビ（エチレン–酢酸ビニル共重合体，EVA）を組み合わせて重層化するなどした特殊フィルムで，保温性が農ビ並みに改善され，農ビと比べて長期展張できる，軽量，べたつかない，塩素を含まず廃棄しやすいなどのメリットをもつ．農ビや農 PO の中には，近紫外線を透過させずに病害虫を抑制する UV カットタイプや，逆に近紫外線透過率を高めてイチゴやナスの着色を促進する UV 強調タイプなどもあり，用途に応じて光環境を調節できる．

硬質フィルムにはポリエステルフィルム（PET フィルム）とフッ素フィルム（農業用フッ素樹脂フィルム，FTFE）とがあり，15 年以上もの耐久性・耐候性をもち光透過性の優れたフッ素フィルム（**図 8.2**）が，高価ではあるが現在，外張り用硬質フィルムの主流となっている．フッ素フィルムは鉄骨材の両屋根型温室やフェンロー型温室（**図 8.3**）にもガラスの代替として利用できるため，1 ha 以上の大型プラスチックハウスの設置も近年増えつつある．

アクリル樹脂等の硬質プラスチック板で被覆されたハウスは，現在ガラス室よりも設置面積が少ない．

b.　温室の環境制御技術

(1)　室　温

わが国の温室は 43％が加温設備を備えており，そのうち 90％以上は温風加温方式である．次に多いのがボイラー温湯方式であるが，いずれも化石燃料に依存したシステムであり，燃油価格高騰の折には経営が圧迫されやすい．地球温暖化防止の観点からも，省エネ技術や代替エネルギー利用技術の推進が今後ますます求められる．内張りフィルムによる保温は効率的な省エネ技術であり，可動式（カーテン）にすれば光条件や通気性も制御しやすい．近年，イチゴ等で採用が増えているウォーターカーテンは，温室の外張りフィルムと内張りフィルムの間に，地下水（年間を通して水温が本州中央部で 16 ～ 18℃と安定している）を散水チューブで流すというもので，簡易で低コストな導入しやすい加温法である．また木質ペレットを燃焼させる

図 8.4　細霧冷房装置

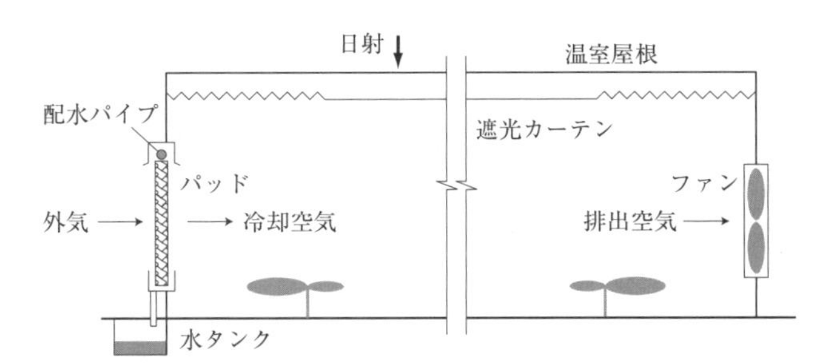

図 8.5　パッドアンドファン冷房システムの概念図（山口，2010）

カーボンニュートラルな暖房方法も，日本の風土に合ったエネルギー利用ということで注目されている．

日本において温室で周年栽培しようとした際に問題となるのが，夏期の高温・高湿度である．通常の温室は換気窓からの換気効率が低く，真夏には全開しても 40℃を超えることが多い．そのため，昇温を抑制するには被覆資材で遮光するのが最も効果的である．しかし光を犠牲にせずに作物の生育を維持するためには冷房システムの導入が望ましい．大規模施設園芸においては細霧冷房（**図 8.4**）やパッドアンドファン（**図 8.5**）などの気化冷却方式の導入が多い．暖房にも利用できるヒートポンプの導入による冷房も，一部で実施されている．

(2)　光環境

温室内の光環境は温室の方位によって変わり，単棟では通常，畝と同様，南北に沿って設置することで作物相互の遮蔽を減らす．例外的に温室メロン用スリークォーター型温室（図 8.3）では，冬期の光利用を優先して南面の屋根を広くした東西棟が建てられる．この温室の内部では北側の畝が高く配置され，場所による光条件の差が減らされている．

温室の構造材の柱や梁（はり）は室内に大きな影をつくるため，耐候性や強度を確保したうえで，できるだけ細く少なくすることが求められる．柱やシートなど温室の部材や資材の色を，光を散乱させやすい白やシルバーにすることも冬期の光確保に効果的とされる．

図 8.6 蛍光灯を用いた閉鎖型苗生産システム

より積極的な光環境制御は，人工光源による照明によって行われる．植物工場や温室で用いられている人工光源は，高圧ナトリウムランプ，メタルハライドランプ，蛍光ランプ，LED の 4 種類である．蛍光ランプや LED は熱放射が少なく近接照射が可能なため，植物工場の多段栽培ではおもにこれらを用いる（**図 8.6**）．電照ギクやイチゴ促成栽培における長日処理（光中断）のための夜間照明には，これまで白熱電球が用いられてきたが，地球温暖化防止の観点から，消費電力の少ない電球型蛍光灯や LED に置き換えられつつある．

(3) 灌水設備

施設栽培は降雨を遮断した環境であるため，土壌の水条件は乾燥地帯のそれと類似したものになる．そのため灌水が必要で，灌水装置を導入して省力化を図ることが多い．

灌水方法には，大きく分けて散水灌水，点滴灌水，地表灌水，地下灌水があるが，施設栽培でよく用いられるのは散水灌水と点滴灌水である．散水灌水にはマイクロスプリンクラーによる散水，ミストノズルからの頭上灌水，多孔管や散水ホースによる散水などがあり，いずれも一度に大量の水が使用される．一方，点滴灌水は乾燥地帯のイスラエルで節水栽培用に発達した技術で，点滴チューブやオンラインドリッパーから少量の水を滴下してゆっくりと灌水する．

灌水の制御はタイマー制御あるいはセンサ制御で行われることが多い．タイマー制御は最も簡易であるが，天候や植物体の大きさによって灌水の過不足が出やすいことが欠点である．センサ制御は土壌水分センサや日射センサが用いられ，より細かな土壌水分管理が達成できるため，水切り栽培により果実の糖度を上昇させるような高度な栽培技術も可能となる．

点滴灌水装置に液肥混入機を組み合わせることにより，灌水と同時に施肥を行う養液土耕栽培（灌水同時施肥）の技術も近年確立され，導入が進んでいる．土壌や植物体のリアルタイム診断技術と併用されることにより，施設栽培の省力化，安定化に役立っている．

8.2　養液栽培と植物工場

養液栽培は英語でsoilless cultureと表されるように，土壌を用いない栽培であるということが最大の特徴である．土壌が植物の生育に大きな役割を果たすことはいうまでもないが，土壌から植物を切り離すことによって初めて，それまでブラックボックスだった根域環境の監視と制御が可能となり，植物のもつポテンシャルを最大限引き出すことにも挑戦できるようになった．

a.　養液栽培の種類

養液栽培とは，土壌を用いず，必要な栄養素を水に溶かした培養液のかたちで与える栽培方式の総称である．わが国最初の養液栽培は，戦後進駐軍が東京都・調布と滋賀県・大津につくった礫耕（れきこう）での清浄野菜生産施設であるが，養液栽培設置面積はその後年々増え続け，2012年には1850 haに達している．養液栽培にはさまざまな方式があり，大きく分けると，培地を用いない「水耕」と，培地を用いる「固形培地耕」の2つになる（**図8.7**）．水耕の中には湛液水耕（DFT），薄膜水耕（NFT），噴霧耕などの方式があり（**図8.8**），おもにホウレンソウやレタス，ミツバ，ハーブなどの葉菜類が水耕でつくられる．人工光型植物工場での栽培方式もおもに水耕である．固形培地耕方式では，ロックウール，砂，ヤシ殻繊維，もみ殻など，さまざまな固形の培地が用いられている（図8.7）．日本で最も普及している養液栽培方式は全国で600 haとなるロックウール耕で（図8.8），おもにトマト，パプリカ，バラなどが生産されている．

ロックウール
ロックウールは玄武岩あるいは輝緑岩と鉄鉱石の鉱砕などを溶融し繊維状にして成型化したものである．高い保水力と気相率をもち，また与えた肥料成分に影響を及ぼさない点で培地として優れている．しかし数年ごとの培地廃棄に難があるため，代替培地としてヤシ殻繊維やもみ殻くん炭など，有機質培地での栽培も増えている．

b.　培　養　液

養液栽培ではC，H，O以外のすべての必須元素が含まれた完全培養液を用いるが，S，Cl，Niは自然に供給される量で十分なため，あえて添加する

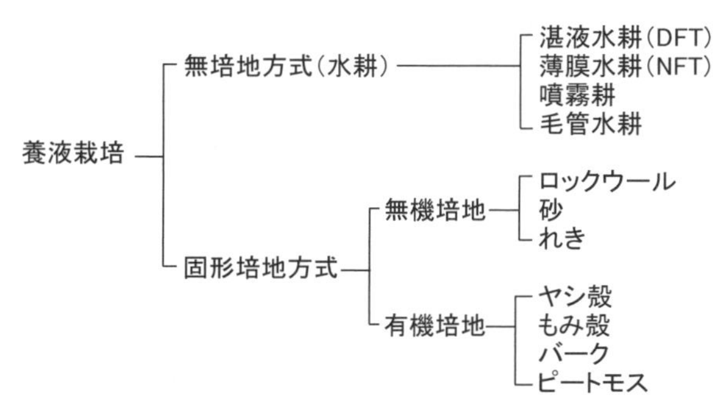

図8.7　養液栽培の分類

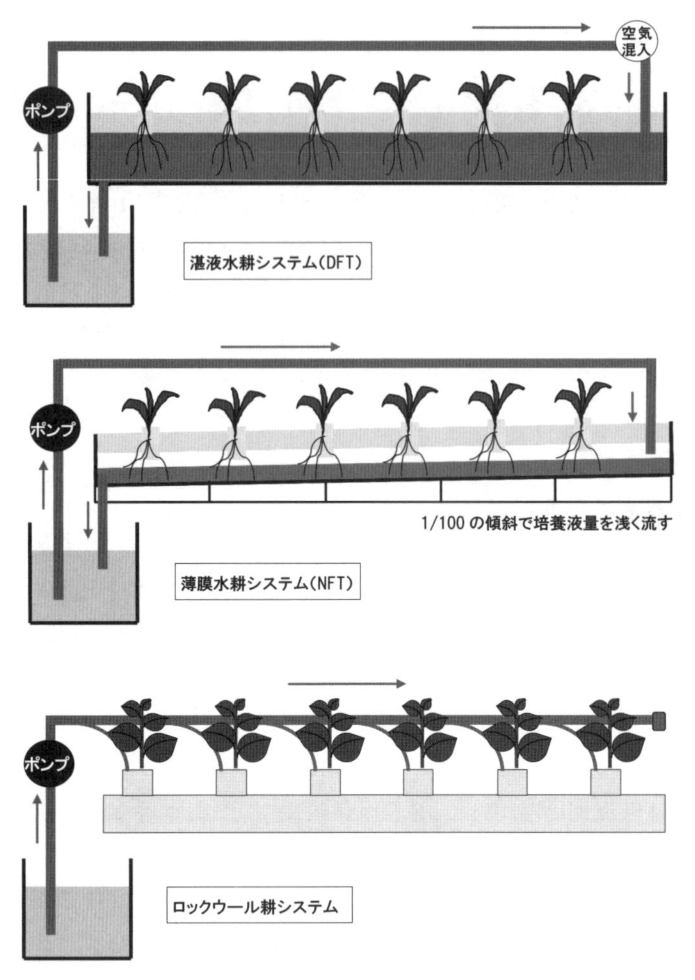

図 8.8　養液栽培システムの概略図

必要はない（**表 8.1**）．培養液の組成は 1938 年にホークランドらが発表した処方を基本に，日本の用水に合うよう園芸試験場で開発された園試処方が，汎用的に使われている．作物ごとに，より適した培養液組成も明らかにされ，さまざまな専用処方が各地域において推奨されている．培養液の濃度については，作物の種類や生育ステージに応じて適宜加減される．

水耕における培養液は通常タンクと栽培槽の間で循環されるが，固形培地耕においては，点滴灌液された培養液の余剰排出分は，回収されずにそのまま下へかけ流されることが多い．

栽培中の培養液タンクの管理は通常，肥料濃度の目安である培養液 EC が常に設定値に維持されるよう，自動的に給水や肥料追加が行われる．このような濃度（EC）に基づく培養液管理法においては，培養液に含まれる肥料の総量は培養液量に依存しており，特に水耕では多量の培養液を用いることから，つねに多量の肥料成分が液中に存在している．このことは，硝酸態窒素を必要以上に含んだ生産物の出荷につながり，また培養液更新・廃棄の際の環境汚染リスクも高まる．これらの対策として，培養液を濃度（EC）で

表 8.1　おもな培養液処方の組成

		園試処方		大塚 A 処方		ホークランド処方	
		me/L	ppm	me/L	ppm	me/L	ppm
多量要素	NO_3-N	16	224	16.6	232	14	196
	NH_4-N	1.3	18	1.6	22	1	14
	PO_4-P	4	41	5.1	53	3	31
	K	8	313	7.6	297	6	235
	Ca	8	160	8.2	164	8	160
	Mg	4	49	3.7	45	4	49
微量要素	Fe		3		2.85		1
	B		0.5		0.32		
	Mn		0.5		0.77		0.5
	Cu		0.02		0.04		0.02
	Zn		0.05		0.02		0.05
	Mo		0.01		0.02		0.01

なく肥料の存在量に基づいて管理しようという試みがある．これは 1 週間あるいは 2 週間に一度，次の追肥までに必要な量の肥料のみ与えるという方法で，量的管理法と呼ばれる．

c.　植 物 工 場

植物工場（plant factory）は，高度に制御された環境のもとで，野菜や苗などを計画的に周年生産する施設のことである．以前は閉鎖空間において人工の光源のみを用いた生産施設を植物工場と称していたが，2009 年以降，太陽光を利用したものであっても，高度に自動化・情報化された大型の環境制御温室で，かつ品質の安定した生産物が周年生産されている場合は太陽光利用型の植物工場と呼ばれるようになった．

完全人工光型の植物工場において栽培可能な品目は，歩留まりが高く弱光でも生育できるレタスやハーブ，あるいは苗生産に限られている．近年はイチゴや薬用植物など，選択肢の幅も増えつつある．太陽光利用型の植物工場においては，養液栽培で対応できるすべての作物が生産可能である．

植物工場は最先端の技術が集結した，夢のある未来農業という側面もある一方で，特に人工光型植物工場では採算がとれずに撤退という事態に陥る事業体も多かった．これからも引き続き低コスト化，エネルギー効率改善等に向けた取り組みが求められる．　［峯　洋子］

文　献

1)　農林水産省生産局（2013）：省エネ型の施設園芸を目指して／施設園芸省エネルギー生産管理マニュアル 改定版．

2)　島地英夫（2000）：長期展張性フィルムについて．農業経営者，**51**，農業技術通信社．

3)　山口智治（2010）：パッド＆ファン冷房．農山漁村文化協会編，農業技術大系花卉編 第 3 巻，農山漁村文化協会．

園芸作物の品質と収穫後管理

〔キーワード〕 品質，収穫後管理，流通，ポストハーベストロス，老化，品質保持，温度，湿度，ガス濃度，蒸散，呼吸，エチレン生成，非破壊評価，収穫後技術，予冷，エチレン作用阻害剤，貯蔵技術，CA 貯蔵，MA 包装，輸送技術，コールドチェーン

9.1 園芸作物の品質と収穫後の変化

a. 品質とその評価法

園芸作物に求められている品質には，外観（appearance），テクスチャー（texture），風味（flavor），栄養価（nutritive value），安全性（safety）などがある（**図 9.1**）．いずれの品質を重視するかは，生産者，流通業者，消費者それぞれの立場によって異なっている．消費者が最も気にする購入ポイントは外観で，園芸作物全般において，重視すべき品質といえるだろう．特に切り花では外観（草姿，花・葉色など）が美しくないと，購買意欲はわかない．果物・野菜では，外観に加えて，テクスチャーと風味が関与する食味（eating quality）によって評価が決まる．消費者に繰り返し買ってもらうには，外観と食味の良さは重要である．また安全性は，果物・野菜だけでなく，口にすることのない切り花でも最低限確保しなければならない．収穫後に限れば，まず栄養価の低下が，次いで風味の低下が，最後にテクスチャー，外観の変化が進行するといわれる．肉眼で褐変などの異変に気づいたときは，すでに内部で品質低下が起こっていると考えてよい．本節では，園芸作物に求められる品質について詳述し，その評価法についてまとめた．

(1) 外　観

外観は，大きさ，色，光沢などで評価される．

大きさは寸法（dimension）や重さ（weight）で評価される．園芸作物で

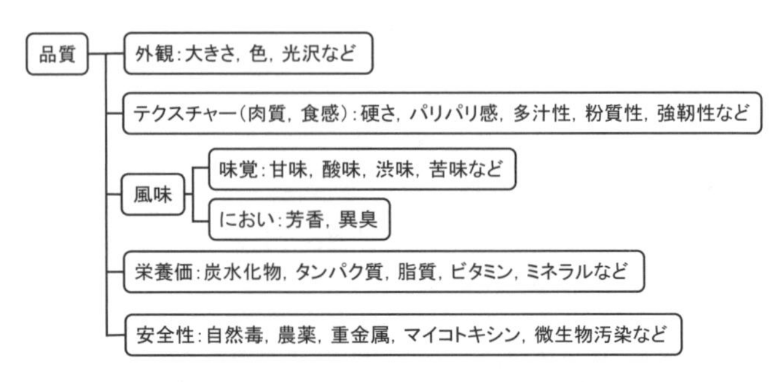

図 9.1　園芸作物に求められる品質

は，大きさを基準に選別が行われる（階級という．9.3 節 a. の（1）を参照）．従来，大きさの大きいものほど評価が高く，高価格で取引されてきた．最近では，中程度や小さいサイズのものを好む消費者嗜好も出てきており，それに見合った品種の育成や栽培法の確立も求められている．大きさは，重さで評価されることが多かったが，近年は重さよりも寸法（長さ，太さ，最大径など）で評価する傾向が強い．これは選別作業の自動化の進展と関係がある．選別をいかにスピーディーかつ確実に行うかという課題に対して，解像度の高いカメラと画像処理技術が一体化した画像計測システムが開発された．画像計測システムは，物体の寸法を解析するのに適しており，この開発によって，数値化が難しいといわれた園芸作物でも選別の自動化が達成できたのである．

画像計測
カメラから入力された画像を 2 値化画像もしくは RGB 信号に変換・分解して，面積・最大長・最大幅・曲がり度などの形状解析や，着色・傷などの色計測に利用する．

色は，光を照射して反射もしくは透過した光を測定する非破壊測定法で数値化される．いくつかの方法が提案されているが，1976 年に国際照明委員会（CIE）で規格化された $L^*a^*b^*$ 表色系が園芸作物の色を表すのに最も一般的に使用されている．この表色系では，明度を L^*，色度（色合い）を a^*，b^* で表わす．a^*，b^* は，色の方向を示しており，$+a^*$ は赤方向，$-a^*$ は緑方向，$+b^*$ は黄方向，$-b^*$ は青方向を示している．最近は，$L^*a^*b^*$ 表色系をベースに，色合いを C^*（彩度，$\sqrt{(a^*)^2+(b^*)^2}$）と h（色相角度，$\tan^{-1}\left(\frac{b^*}{a^*}\right)$）で表す場合が多い．$C^*$ 値は，大きいと鮮やかさが増し，小さいとくすんだ色になる．h は a^* の赤方向の軸を 0° として反時計方向への角度で色の位置を示したものである．90° であれば黄色，180° であれば緑色，270° であれば青色を示す．L^* 値，a^* 値，b^* 値を簡単に測定できる測色計が開発されている．青果物の選別に利用されている画像計測は，大きさとともに色の評価もできるので，色計測も自動化に対応している．収穫時点での色の評価は，収穫適期を決めるうえで重要であり，これらの計測機器のほか，目視で判断できるカラーチャート（果実の標準果色値板）が使われる．果皮の着色の進行をもとに，カラーチャートが品種ごとに作成されており，収穫時期の決定や熟度の進行を圃場で簡単に判断できる．

果実の標準果色値板
果実の熟度・収穫適期を判定するための色見本のこと．チャート板の真ん中に穴が開いており，そこに果実を当てて色を比較できる．リンゴ，カンキツ，ニホンナシ，カキ用がある．

光沢は，たとえばイチゴでは，高い評価を得るためにポイントとなる品質である．目視に頼りがちな光沢を数値化する光沢計も開発されているが，平らで均一な部分の測定を前提としており，園芸作物への利用は難しい．

(2)　テクスチャー

テクスチャーは肉質，食感ともいい，硬さ（firmness；hardness + softness），パリパリ感（crispness），多汁性（juiciness），粉質性（mealiness），強靭性（toughness）などがある．このうち硬さ（硬度）は，食べごろの指標となる場合も多い．

テクスチャーをいかに数値化するかが長年検討されている．硬さについては，プランジャーを装着した硬度計を，果実の表皮を剥いてから果肉に突き刺して測定・評価する手法が一般的である．プランジャーには，円筒型，円錐型，半球型などがある．より正確な測定を行うために，貫入速度を一定にする必要がある．この手法では対象物を破壊しなければならないことから，非破壊でより正確な果実の硬さを評価する手法の開発も試みられている．たとえば，圧縮力を加えたときの変形量をもとに硬さを評価する方法や，軽く叩いたときの打音や振動をもとに推定する方法である．硬さ以外については，評価法が確立できていないのが現状である．

(3)　風　味

風味は味覚（taste）とにおい（smell）の両方を含むことばで，味覚として重要なのは甘味（sweetness）と酸味（sourness；acidity）である．その他，渋み（astringency），苦み（bitterness）は味覚を大きく左右する．一方，においは，揮発物質のうちヒトの嗅覚で感じることができるものの総称である．芳香（aroma）と異臭（off-flavors）がある．

甘味は糖の成分比とそれぞれの含量で決まる．糖度（brix）で評価されることが多い．糖度は糖度計の測定値であり，糖成分のひとつスクロース溶液の光の屈折率が，スクロース濃度と比例することを利用している．ただし水に溶ける酸などの濃度も屈折率に影響するため，測定対象に糖が多く含まれそれ以外が少ない場合に利用できる．個々の糖成分およびその含量を測定するには，測定機器（液体クロマトグラフなど）が必要となる．

酸味は有機酸の成分比とそれぞれの含量で決まる．ただし甘味よりも関与する要因が複雑である．特に果汁に金属イオンが含まれる場合，有機酸と結合して塩類となって緩衝作用を示すため，この結合度合いが酸味の強弱に大きく影響する．一般的には中和滴定法によって滴定酸度を求める．ただしこの方法はビュレットを使うなど手順が煩雑であり，大量にデータを測定する場合は pH を測定して読み替える場合もある．最近は溶液の電気伝導度を測定して自動的に酸含量を推定する酸度計も開発されている．個々の酸成分とその含量を測定するには，糖と同様，測定機器（液体クロマトグラフなど）が必要となる．果実のおいしさは糖と酸のバランスが重要であり，その目安として糖酸比（糖度／滴定酸度）がよく使用される．

中和滴定法
ここでは濃度未知の酸を濃度既知の塩基で中和して，酸の濃度を決める操作をいう．滴下した液の容量をはかるビュレットと，中和点付近で色が変化する指示薬を用いる．

渋みと苦みは，一般には好まれないが，適当量はかえって特有の風味をかもしだす．ただし毒性をもつ物質もあるので摂取には注意が必要である．

におい（芳香，異臭）の分析が難しいのは，ほとんどのにおいが単一の成分ではなく多数の成分で成り立っていること，また通常の分析では検出が難しいほど低濃度まで測定しなければならないことにある．数値化の方法としては大きく分けて２つある．１つは機器分析法により臭気成分自体の濃度を測定する方法である．もう１つは実際にヒトの鼻を使ってにおいの程度を数値化する官能試験法である．機器分析法は，定性・定量の精度や再現性に優れ原因物質を特定できるメリットがあるが，反面においの質や強度といった感覚情報は得られない．一方官能試験法は，においの質や強度に関する感覚情報が得られるメリットがあるが，評価が主観的になることや成分の特定ができないデメリットもある．現状では，機器分析法と官能試験法の両面からアプローチしていくことが必要になる．

(4)　栄養価

栄養価は炭水化物（carbohydrate，食物繊維 dietary fiber を含む），タンパク質，脂質，ビタミン，ミネラルなどの含量で決まる．青果物から供給される栄養としては，ビタミンが重要で，食品から摂取するビタミンCの91%が，またビタミンAの48%が果物・野菜由来といわれている．

(5)　安全性

安全性には，自然毒，農薬や重金属の混入，マイコトキシン（かび毒），微生物汚染などが関与している．この中で特に残留農薬の問題はしばしばマスコミにも取り上げられクローズアップされることが多い．化学合成農薬や化学肥料への依存を減らして栽培した作物のうち，一定の規格を満たした農産物を「有機（オーガニック）農産物」という．環境保全や持続的社会への関心が高まるとともに「オーガニック」製品のマーケットが拡大している．一方，微生物汚染の問題は世界的にみて深刻で，毎年多くの患者が食中毒を発症している．安全な農産物を提供するうえで異物混入や微生物汚染などの危害要因を極力排除する必要がある．安全性を確保するための認証制度（農業生産工程管理，GAP；good agricultural practice）の利用も進展している．

有機農産物
農林水産省が2000年に制定した「有機農産物の日本農林規格」に従って生産された農産物のこと．生産方法として化学的に合成された肥料および農薬の使用を避けることを基本としている．

b.　品質を決める成分

園芸作物の品質成分を機能から分けると，栄養的要素，嗜好的要素，生体調節的要素の3つになる．それぞれ一次機能，二次機能，三次機能と呼ばれる（**図9.2**）．第一の栄養的要素には炭水化物，タンパク質，脂質，ビタミン，ミネラルなどの成分が含まれる．第二の嗜好的要素には味覚成分として糖，有機酸などが，におい成分としてエステル，アルコールなどが関与する．嗜好性には色を決めるクロロフィル，アントシアニンなどの色素も重要な役割を果たしている．第三の生体調節的要素には，機能性成分の名で知られるようになったポリフェノールや食物繊維などが含まれる．

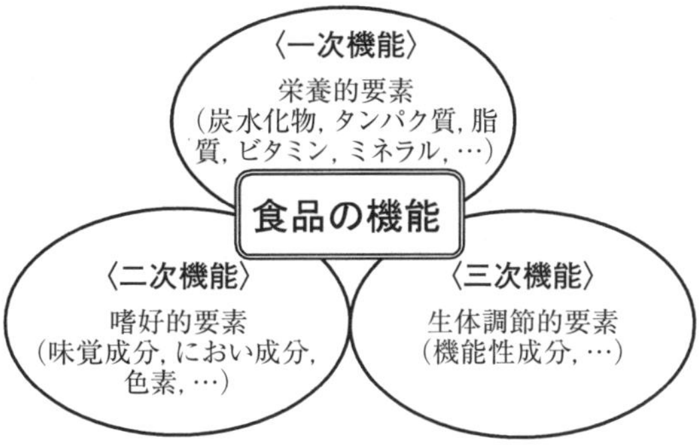

図9.2　食品のもつさまざまな機能

(1) 栄養成分

青果物に含まれる栄養成分のうち，炭水化物は糖質とセルロース，ペクチンとして含まれている．テクスチャーや味覚との関連が大きい．一方タンパク質，脂質の割合は少なく，それぞれ1%，0.1%以下である．青果物に特徴的なのは多くのビタミン類を含んでいることであり，ヒトの健康維持に役立っている．ビタミンは現在13種類が知られている．特にビタミンCと呼ばれるアスコルビン酸は，体内で合成できないため，果物・野菜からの摂取が重要である．ビタミンC含量は，作物の種類によって大きく異なり，また同一種類でも部位による違いが大きく，さらに収穫までの栽培条件，収穫後の取り扱い方によって大きく変化する（9.3節b.の（1）を参照）．ビタミンC含量を少しでも多くするための栽培条件，流通条件の確立が望まれる．ミネラル（無機質）には，栄養素として欠かせない必須ミネラルがあり，現在16種類が知られている．カルシウム，マグネシウム，カリウム，リン，鉄，ナトリウム，亜鉛，銅，マンガンなどである．このうち鉄とマグネシウムは，果物・野菜から直接摂取する割合が20%程度と高い．

(2) 味覚成分

おいしさは甘味と酸味で決まる．甘味は糖，酸味は有機酸が主要成分となる．

甘味は，果実などの品質の評価を決定的に左右する．主たるものとして，単糖類のグルコース（ブドウ糖），フルクトース（果糖），二糖類のスクロース（ショ糖）の3つがある．このうちグルコース，フルクトースは還元糖，スクロースは非還元糖である．スクロースは分解するとグルコースとフルクトースになる．グルコースは呼吸基質として重要で，エネルギー給源となっている．甘味の強さは，スクロースを100としてあらわすと，グルコースが70程度，フルクトースが150程度といわれている．ただし温度によってかなり異なってくる．たとえば果実に多く含まれるフルクトースは低温で甘く感じやすくなる．植物は葉の光合成により，二酸化炭素から炭水化物を産生する．主要な産物はスクロースであるが，大部分は高分子化してデンプンなどのかたちに変換され，貯蔵されている．未熟果実ではデンプン含量が高いが，成熟に伴ってスクロースなどに分解されるため，甘味が増してくる．ミカン，カキ，バナナ，モモはスクロースが，オウトウ，キウイ，ウメはグルコースが，ナシ，リンゴ，ビワはフルクトースが多い．ブドウ糖の名前の由来になったブドウでは，グルコースとフルクトースが等量含まれている．イチゴではスクロース，グルコース，フルクトースがほぼ等量含まれているが，成熟に従いスクロースが分解され，グルコースとフルクトースが半々の割合となる．

酸味は有機酸の量で決まる．成熟した果実を有機酸の種類で分けると，クエン酸を多く含むもの（カンキツ，イチゴなど）と，リンゴ酸を多く含むもの（リンゴ，ナシ，モモなど）に大別される．成熟の過程で，リンゴ酸は減

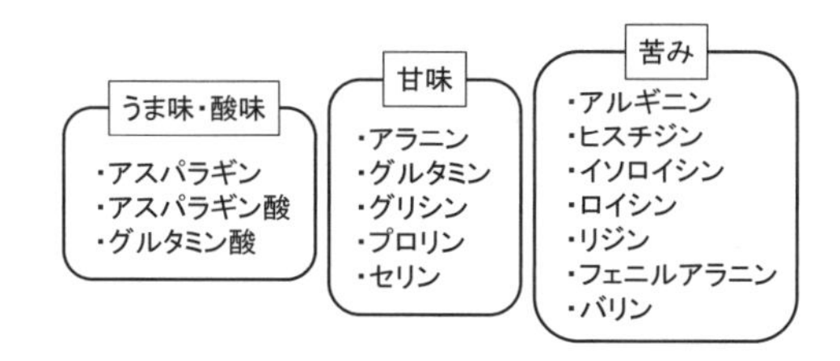

図 9.3　食味に関与するアミノ酸成分の呈味性

少傾向に，クエン酸は増加傾向にあるので，熟度によってその割合は変化する．収穫後は糖よりも早く代謝される．リンゴ酸，クエン酸は液胞に蓄積されているので，これらが糖に先駆けて代謝されると考えられる．酸っぱさを感じるウメでは 4 ～ 5%，レモンでは 6 ～ 7%程度である．果実では通常 1%を超えることは少ない．

アミノ酸は含有量としては多くないものの，食味に関与する成分として重要である．食味によって，「うま味・酸味」，「甘味」，「苦み」に分けられる（**図 9.3**）．果実にはアスパラギン酸，アスパラギンが多く含まれる．トマトでは，追熟に伴い，グルタミン酸の増加がみられる．

渋みはカテキン，ガロカテキン，プロアントシアニジンなどのフェノール物質が関与し，カキ果の渋みが代表的である．舌の粘膜のタンパク質が凝固した結果感じる味である．カキの渋みはカキタンニンによるもので，渋ガキには 1 ～ 2%の可溶性タンニンが含まれる．脱渋（だつじゅう）処理（9.3 節 b. の（4）を参照）をしないと食べられない．

苦みはフェノール物質のほか，テルペン類が関与している．ほとんどのカンキツに含まれる苦み成分にリモニンとノミリンがあり，テルペン類に属する．糖が結合した状態で存在するのでそのままでは苦みを有さないが，果汁を搾るなどして糖が外れると苦みの原因となる．一方ナツミカン，ブンタン，ハッサク，グレープフルーツなど特定のカンキツに含まれる苦み成分に，フェノール物質のナリンギンがある．ナリンギンは，適量では風味の向上に有効である．野菜の苦みも，テルペン類，フェノール物質などの成分に由来する．ウリ科植物（キュウリ，メロン，スイカなど）に含まれる苦み成分はテルペン類のククルビタシンである．品種改良が進み，「苦いキュウリ」に当たることはほとんどなくなったが，まれに観賞用ウリ科植物との交雑で苦さを感じることがある．大量に摂取すると食中毒を引き起こすので注意が必要である．ニガウリ（ゴーヤ）の苦みは，同じテルペン類のモモルデシンと呼ばれる成分で，こちらは食中毒にはなることはない．ピーマンはポリフェノールの一種で渋みを感じるクエルシトリンが，ピーマン特有の香気成分と合わさって苦味を呈する．

(3)　におい成分

人がにおいを感じる成分は，揮発性である．一般に未熟な果実では乏しいが，成熟に伴って生成量が増加する．

芳香は，一般に複数の成分から成り立っている場合が多い．カンキツの香りは果皮の油胞中に含まれる精油成分である．量的にはリモネンが大部分を占めるが，カンキツを特徴づける芳香とは言いがたい．各カンキツを特徴づける香りは，それぞれ特有の成分から成り立っている．またリンゴではエステル類が，バナナでは酢酸エステル類がそれぞれの特徴ある香りの主成分とされる．異臭では，カギとなる成分が特定できる場合があり，その成分の濃度を求めることで評価できる．発酵，すなわち有機物を嫌気的に代謝してできる産物であるアセトアルデヒドやエタノールなどが異臭の原因物質であることが多い．

(4) 色素

色素は，嗜好性要素のうち外観を決めるうえで重要な成分となる．園芸作物に含まれる重要な色素成分としては，クロロフィル，カロテノイド，フラボノイドがある．このうちクロロフィルとカロテノイドは有機溶媒に溶ける脂溶性成分として細胞内の色素体（葉緑体，有色体）に含まれている．一方，フラボノイドは水溶性色素でアントシアニンなどが代表で，液胞に含まれている．

クロロフィルは葉緑体の中にあり，光エネルギーを吸収して化学エネルギーに変換する中心的役割を担う色素である．緑色を呈して，外観品質に影響する．

カロテノイドは，ニンジン・カボチャに含まれ黄色・橙色を呈す β-カロテン，トマトに含まれ赤色を呈すリコペンが有名である．補助色素として光エネルギーの吸収に寄与するとともに，活性酸素種のうち一重項酸素を消去することで酸化反応を抑制している．葉緑体は，成熟が進むにつれクロロフィルを分解し，カロテノイドを含む有色体に変化する．

活性酸素種
酸素分子が部分的に還元されて高い反応性をもつものをいう．スーパーオキシドラジカル，過酸化水素，ヒドロキシルラジカル，一重項酸素などがある．過剰に蓄積すると，がん，糖尿病などの生活習慣病の原因となる．

フラボノイドは果実中に配糖体の形で存在する．多くのフラボノイドは無色で色調に影響しないが，アントシアニンは赤色・紫色など鮮やかな色を呈し，果実の色調に大きく影響している．

これらの色素は細胞中に蓄積するが，組成や量だけでなく，細胞の pH や金属イオンの影響で色調が変わる．花において色調は，重要な形質である．交配による育種や遺伝子組み換えで，自然界にない「青いバラ」や「青いキク」が作出されるなど，花色の幅が広がっている．

(5) 機能性成分

医食同源という言葉があるが，果物・野菜に含まれる成分が，疾病の予防に役立つことは昔から知られていた．これらの成分解析は，近年急速に進んでいる．ここではフェノール物質，カロテノイド，イソチオシアネート類，食物繊維について述べる．

フェノール物質とはフェノール性水酸基をもった化合物の総称である．ポリフェノールということばをよく耳にするが，フェノール性水酸基を複数個もつフェノール物質をさしている．健康機能性成分として注目されているが，一方で変色や渋みの原因物質にもなる．フラボノイドは青果物に広く含まれているポリフェノールで，「色素」の項でも述べたアントシアニンはその一種である．ブドウのレスベラトロールもフェノール物質のひとつである．抗酸化作用をもつ物質として知られ，スーパーオキシド，過酸化水素，ヒドロキシルラジカルなどの活性酸素種の酸化作用を抑える役割を果たす．

カロテノイドには，「色素」の項で述べたニンジン・カボチャのβ-カロテン，トマトのリコペンなどがある．最近カンキツに含まれるβ-クリプトキサンチンが，骨の健康維持に役立つことが明らかになり注目されている．活性酸素種のうち一重項酸素の捕捉能にすぐれ，健康機能性成分としてはたらく．

イソチオシアネート類には，アリルイソチオシアネート，スルフォラファンなどがある．ワサビやブロッコリーでは，グルコシノレート（カラシ油配糖体）の形で含まれ，切断などで細胞が破壊されると，ミロシナーゼと呼ばれる酵素によって加水分解され，イソチオシアネート類が合成される．イソチオシアネート類は，古くから抗菌作用をもつ物質として知られていたが，最近は体内に存在する抗酸化酵素の活性を高める作用があることで注目されている．

抗酸化酵素
活性酸素種の生体成分への傷害を抑制する酵素の総称．スーパーオキシドジスムターゼ（SOD），ペルオキシダーゼ，カタラーゼなどがある．

食物繊維は「ヒトの消化酵素によって加水分解されない難消化性成分」と定義され，セルロース，ヘミセルロース，ペクチンなどが含まれる．これまで栄養素として重要視されてこなかったが，整腸作用など健康機能性成分のひとつとして注目されている．

c.　収穫後における品質の変化

園芸作物は，根，茎，葉，花，果実など多様な形態的特徴をもち，また含まれる成分も多様である．収穫段階についても，たとえば，モヤシのように発芽段階のものから，ホウレンソウのように成長途中のもの，ブロッコリーのようにつぼみの段階のもの，また多くの果実類のように完熟，もしくはその少し前の段階のものなど，実にさまざまである（**図 9.4**）．品質やそれを

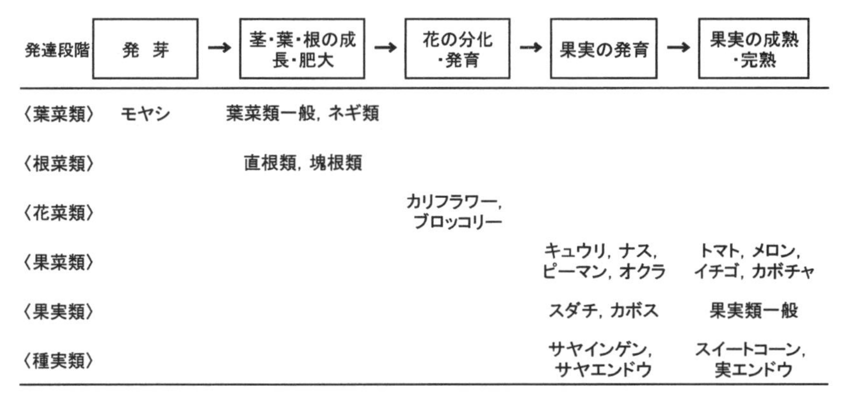

図 9.4　果物・野菜の発達段階と利用（茶珍，1991 より）

生活環
生物の成長の周期を示すことば．植物では，種が芽を出して，茎を伸ばし，葉を広げ，根を張り，やがて花を咲かせて実をつける．この一連の成長過程を指す．

決める成分は，収穫後も成長・老化といった生活環の進行によって，時々刻々変化する．このような変化は，品質保持という観点からは好ましい変化ではないことが多い．また成長・老化以外にも，たとえば萎れや傷み，病気などが発生すると，その商品としての価値（商品性）を失ってしまう．

農産物が収穫後消費者に届くまでの流通（marketing）過程で，主として外観的に判断して商品性を失うことを収穫後損失（ポストハーベストロス）という．ポストハーベストロスは，先進国で5～25%，発展途上国で20～50%にもおよぶ（Kader, 2002）．中でも園芸作物は，穀物などと比較してその割合が高い．本節では，収穫後における品質の変化を，成長・老化にともなうものと，それ以外の要因によるものに分けて紹介する．

(1) 成長・老化

果物はその成長をほぼ終了した時点で収穫・利用されるものが多いので，収穫後に成長が問題になることは少ない．一方野菜は，成長の途中で収穫・利用されるものが多いため，収穫後の成長が激しく，その変化が品質低下につながる場合がある．たとえばアスパラガスでは収穫後も急速に成長し，水平に置くと曲がりが生じ，リグニンが沈着し硬化してくる．ジャガイモ，タマネギ，ニンニクなどでは発芽・発根が起こり，品質低下を招く．ブロッコリー，カリフラワーはつぼみが食用部位なので，開花が進行すれば，すぐに商品性を失うことになる．

一方，成長をほぼ終了した時点で収穫された青果物でも，収穫後徐々に老化が進行し，商品性を失って，最後は死に至る．老化は発育の一過程であり，生きている以上これを止めることはできない．老化をできるだけゆっくり進ませて商品性を長く保つこと，これが収穫後の品質保持技術の基本である．老化過程で，炭水化物，有機酸，色素などの成分は大きく変化する．

① 炭水化物・有機酸： 果物では成熟にともなって，糖が増加し，有機酸が減少する傾向にある．収穫後にはデンプンが糖に分解する場合と，逆に糖がデンプンに変化する場合がある．リンゴやバナナでは収穫後にデンプンの糖化が進むことは好ましい品質変化であるが，同じ糖化でもジャガイモでは品質低下ととらえられる．ポテトチップス用ジャガイモの場合，糖は焦げの原因となるので糖化を止めた方が高品質と評価されるからである．一方，スイートコーンのように糖がデンプンに変化してしまうものもある．この変化は好ましくない．成熟中に起こるペクチンの分解は軟化を引き起こす．軟化を「食べごろになる」ととらえれば好ましい変化であるが，微生物の感染を招きやすくなったり，機械的な損傷を受けやすくなったりするなど，品質低下ととらえる場合もある．有機酸は収穫後，糖よりも早く代謝される．たとえばカンキツでは，収穫時に酸含量が高くても，貯蔵中に減酸が進み味覚が向上することがある．

② 色素： 収穫後に合成が進み着色する場合と，分解が進み脱色する場

合とがある．これらの変化は，望ましい場合と望ましくない場合がある．緑色色素であるクロロフィルの分解は，果物では成熟の進行として望ましいとされるが，野菜では品質低下と同義で，できれば避けたい．ホウレンソウ，ブロッコリーなどでは収穫後クロロフィルの急激な分解がみられ，緑色から黄色に変化して商品性を失う．カロテノイドは黄色・橙色の色素で，アンズ，モモ，カンキツなどではその合成が望ましく，トマトでもカロテノイドのうちリコペンの増加が栄養的にも重要な要素となっている．ニンジンではカロテノイドは収穫後保持されるか，少し増加する．アントシアニンは赤色・青色を呈し，リンゴ，ブドウなどではその合成によって品質は向上する．一方イチゴでは，収穫後増加することで外観品質の向上につながるが，さらに成熟が進行すると果皮が黒赤色になってむしろ外観品質としては低下する．アントシアニンは水溶性で安定性に欠けるため，環境によって大きく変化し得る成分である．アントシアニンやそのほかのフェノール物質は，褐変の原因ともなる．褐変は外観上商品性を失う原因となる一方，健康機能性成分としてのメリットもある．

(2)　物理的・病理的・生理的障害

生活環の進行にともなう成長・老化は，収穫後に起こる変化として好ましくない場合が多い．さらにこれ以外にもいろいろな要因でポストハーベストロスが発生する．その原因を探ると，次の3つに整理できる．①輸送中に振動や衝撃を受けることで発生する機械的な損傷，②微生物や害虫などの有害生物による被害，③それら以外の生理的要因による障害，である．いずれの要因でポストハーベストロスを招くかは，園芸作物の種類によって異なる(**表9.1**)．たとえばイチゴでは，卸売市場以降の流通段階だけで15%以上が

表9.1　ニューヨークにおける卸売市場以降の流通段階での数種園芸作物の要因ごとのポストハーベストロス率（Harvey，1978より）

園芸作物	要因ごとのポストハーベストロス率（%）		
	物理的障害	病理的障害	生理的障害
リンゴ	1.1	0.2	0.4
キュウリ	1.2	3.3	3.4
ブドウ	4.2	0.4	0.9
レタス	5.8	2.7	3.2
オレンジ	0.8	3.1	0.3
モ　モ	6.4	6.2	0.0
ピーマン	2.2	4.0	4.4
ジャガイモ	2.5	1.4	1.0
イチゴ	7.7	15.2	0.0
サツマイモ	1.7	9.2	4.2

おもにかびの発生によって商品性を失う．品種や栽培条件，収穫後の取り扱いによってその割合は大きく変化する．

① 物理的障害（physical disorder）： 外部から振動や衝撃を受けて，機械的損傷が発生した場合をいう．一般に園芸作物では，外部から受ける振動・衝撃を予想して，これを受けても損傷が起こらないように「包装」してから運ばれる．包装が不十分な場合，包装材料を破壊し，もしくは包装材料を介して，擦り傷，押し傷，折れ，割れなどの損傷が引き起こされる．これらの損傷が，呼吸速度の増大，蒸散の促進，微生物汚染の拡大などを招き，外観上大きな変質要因となる．逆に包装が過剰な場合，過剰包装となりコスト高となる．物理的障害を起こさないような最適な包装を設計することは，輸送するうえで大切な要素である（9.3 節 b. の（7）を参照）.

② 病理的障害（pathological disorder）： 微生物をはじめとする有害生物によって腐敗・損傷した場合をいう．病変などが顕在化するので，外観的に容易に判断できる．青果物の表面に生じた傷を中心に，局部的な病変が現れ，周りの組織に広がっていく場合が多い．種々の環境要因が微生物の生育に影響を及ぼすが，とくに温度の影響が大きい．多くの微生物では 20 ～ 30℃が生育適温で，増殖率は低温側では緩やかに低下し，高温側では一気に下がることが知られている．また湿度が高いと増殖率が高まることが多い．

③ 生理的障害（physiological disorder）： 物理的，病理的障害以外で，目視でも容易に判断できる変質がみられる場合，これらを総称して生理的障害という．たとえば収穫後適切でない温度下におかれると果皮や果肉の褐変などがみられる．温度によって，凍結障害，低温障害，高温障害などと呼ばれる．栽培中の施肥などが原因で引き起こされる生理障害もあり，栄養素のアンバランスが原因とされる．トマトの尻腐れ，リンゴのビターピットなどはカルシウム不足が原因で収穫後に起こる生理障害である．その他，酸素 1％以下，二酸化炭素 20％以上でも生理障害が起こり，果皮の褐変などの症状が出る．

9.2 園芸作物の品質保持

a. 品質保持に関わる環境要因

前節でみたように園芸作物の品質は収穫後変化する．基本的には，その変化を最小限に抑え，収穫時の品質をできるだけ保持することが必要である．収穫後の園芸作物がおかれた環境を制御することで，品質保持を図ることができる．本項では，品質保持に重要で，人為的にコントロールできる環境要因について述べる．個々の園芸作物によって重要な環境要因は異なるが，これらの環境要因をいかに制御するかによって，次節の収穫後管理技術が組み立てられることになる．

(1)　温　度

品質保持を図るためには，温度は最も重要な環境制御因子である．温度が10℃上がると栄養素の分解は2～3倍速く進むといわれる．低温では収穫後に起こる好ましくない成長や微生物の繁殖も抑えられる．さらにエチレン生成や呼吸も抑えられる．

これらの効果を最大にするためには，凍結しないぎりぎりの温度まで下げるのが基本である．青果物は水分含量が高いため，氷点下になると凍結するものが多いが，糖度が高い果物では，－2℃程度まで凍結しない場合がある．凝固点降下によるものである．凍結は一部の野菜では品質保持上有効な場合があり，たとえばエダマメやホウレンソウなどでは高品質な冷凍品が便利に使われている．ただし，水分含量の高い青果物の場合，いったん凍結すると解凍時に細胞破壊が起き，テクスチャーの破壊，色の変化などが起きるため，凍結は避けた方が好ましい場合が多い．また凍結温度以上であっても，園芸作物の種類によっては，生理障害が生じる．これを低温障害（chilling injury）という．主に熱帯，亜熱帯を原産地とする青果物がこれに該当する．バナナやパイナップルでは13℃以下の貯蔵温度で低温障害が発生する．果皮や果肉の褐変や細胞の破壊（ピッティング），組織軟化，追熟不良などの症状を呈する（**表9.2**）．低温障害が発生すると，その部位から細菌やかびの発生が助長され，振動・衝撃によるダメージも受けやすくなる．そのため貯蔵温度には注意が必要である．一方低温とは逆に高温によって障害が引き起こされることもある．高温は代謝を高めるので品質保持上マイナスに作用するのが一般的である．

凝固点降下
溶質を溶媒に溶かすことによって，液体から固体に変わる温度，すなわち凝固点が下がる現象をいう．

表9.2　おもな青果物の低温障害（邨田，1980より）

種　類	温度（℃）	症　状
カボチャ	7～10	内部褐変，腐敗
キュウリ	7.2	ピッティング，水浸状軟化
スイカ	4.4	内部褐変，オフフレーバー
メロン（カンタロープ）	2.5～4.5	ピッティング，果表面の腐敗
サツマイモ	10	内部褐変
トマト（熟果）	7.2～10	水浸状軟化，腐敗
トマト（未熟果）	12～13.5	追熟不良，腐敗
ナ　ス	7.2	ピッティング，やけ
ピーマン	7.2	ピッティング，がくと種子褐変
ウ　メ	5～6	ピッティング，褐変
オレンジ	2～7	ピッティング，褐変
グレープフルーツ	8～10	ピッティング
レモン（黄熟果）	0～4.5	ピッティング，じょうのう褐変
レモン（緑熟果）	11～14.5	ピッティング
バナナ	12～14.5	果皮褐変
パイナップル	4.5～7.2	果芯部黒変，追熟不良
マンゴー	7～11	追熟不良
リンゴ（一部の品種）	2.2～3.3	内部褐変，やけ

オフフレーバー
果実や食品成分の化学的変化，外部からの混入によって二次的に生じた変質臭，悪変臭のこと．

以上のように，温度は収穫後の品質保持と大きく関わっている．低温障害が起こるものでも短期間であれば低温が品質保持上好ましいことがある．要求される保存・貯蔵期間によって，適切な温度が決まってくる．

(2) 湿 度

湿度とは空気中の水蒸気量の割合をいう．一般的に「湿度」と呼んでいる値は，「相対湿度」を示していることが多い．相対湿度は，ある温度で空気中の含むことのできる最大の水蒸気量（飽和水蒸気量）に対して，実際に含んでいる水蒸気量の割合をいう．湿度条件は蒸散速度に大きく影響する．蒸散による重量減少，萎れ，光沢の減少，しわの出現などは大きなポストハーベストロスになる．一般に収穫時の重量に対して5%の重量減少があると萎れが目立ち，商品価値を失うといわれる．そのためほとんどの青果物の最適貯蔵湿度は85～95%である．湿度を高くすると微生物の増殖にも好条件となるので注意が必要である．

最近は露点で湿度を表すことがある．露点は，空気中に含まれている水蒸気量が，飽和水蒸気量と等しくなる温度，と定義されている．温度が露点を下回ると，空気中に存在できなくなった水蒸気が水滴となって，青果物や包装資材に付着することになる．これを結露という．プラスチックフィルム包装では，結露によって中が見えにくくなり，見栄えが悪くなるほか，かびが繁殖しやすくなるなど品質低下の原因となるため注意が必要である（9.3節b.の（6）を参照）．

(3) ガス濃度

収穫後どのようなガス環境の下におかれるかは，品質保持を考えるうえで重要である．一般的には呼吸速度を低く抑えるため，低酸素，高二酸化炭素条件が品質保持上有効であることが多い．ただし酸素濃度が低すぎると無機呼吸やアルコール代謝が誘導されて，異臭や異味の発生を招く．一方二酸化炭素濃度は高くなりすぎると果皮褐変などの生理障害が引き起こされる．二酸化炭素は水に溶け，pHの低下と同時にアルコール代謝関連酵素の活性を高めるので，低酸素濃度でおこる無機呼吸と同じく異臭，異味の原因となる物質が誘導されることがある．青果物によって適切な酸素濃度，二酸化炭素濃度があり，その値は大きく異なる（**表9.3**）．

すべての青果物に当てはまるわけではないが，エチレン濃度もガス環境として重要である．エチレンに対する感受性が高い青果物では，成熟・老化を進めてしまう．こういった場合，エチレン除去が品質保持上重要な技術となる．成熟・老化にエチレンが大きく関与する「クライマクテリック型果実」（9.2節b.の（3）を参照）では，エチレン除去が，品質保持に高い効果をあげる．

b. 品質保持に関わる生物要因

同じ食べ物でも「生きている」か否かによって，その取り扱いは大きく異

表 9.3　貯蔵青果物において生理的障害が起こりうる酸素濃度の下限値と二酸化炭素濃度の上限値（Mir and Beaudry，2002 より）

酸素濃度の下限値＼二酸化炭素濃度の上限値	≦1	1＜　≦3	3＜　≦5	5＜　≦10	10＜　≦20	20＜
5＜　≦10				アスパラガス		
3＜　≦5			オレンジ	レモン ライム		
1＜　≦3		セイヨウナシ トマト	リンゴ カリフラワー オリーブ ピーマン	パパイア，セロリ キャベツ，カキ マンゴー パイナップル スイートコーン グレープフルーツ	ドリアン	ブラックベリー イチジク ラズベリー イチゴ ブルーベリー
≦1		レタス	アンズ キュウリ ブドウ	バナナ キウイ ネクタリン	マッシュルーム アボカド ブロッコリー ライチ プラム ランブータン	チェリモヤ

なる．冷凍，加熱，乾燥などの加工調整作業を行った食品群は，化学反応を抑えることが品質変化を抑えるポイントとなる．温度を低くして，外気や光と触れさせないよう管理する．一方園芸作物は収穫後も「生きている」ので，化学反応を最低限に抑えると同時に，生命活動を維持する必要がある．園芸作物はイネ，ムギよりも品質変化が激しいが，それは，品質劣化をまねく蒸散，呼吸，老化速度が明らかに早いことが原因である．ポストハーベストロスを軽減するために，品質低下を左右する生物要因について理解を進め，それらの知見に基づいて，品質を保持するための収穫後技術の利用を図っていかなければならない．収穫後の品質保持を考えるうえで重要な生物要因である蒸散，呼吸，エチレン生成について述べる．

(1)　蒸　散

植物体内の水分が水蒸気となって排出される現象を蒸散という．収穫後の蒸散作用により水が抜け，萎びが生じ，品質が低下する．蒸散は表皮細胞のところどころにある気孔と呼ばれる開孔部を通して行われる．水は非開孔部からも排出されるが，その量は植物によって異なる．蒸散速度は環境条件（とくに温度，湿度）の影響を強く受ける．外観が，園芸作物の購買時における選択基準である以上，蒸散をいかに抑えて萎れを防ぐかは，収穫後管理技術のポイントである．

蒸散速度を決める要因として，表皮系の構造は重要である．表皮系は，植物の最外層をなす表皮細胞と，その上に積層するキチンを主成分とするクチクラ，さらにその上に滲出するワックスからなる．ワックスを取り除くと蒸

表 9.4　おもな果実，野菜の蒸散特性（樽谷，1963 より）

蒸散特性		果　実	野　菜	貯蔵性
A型	温度が低くなるにつれて蒸散量が極度に低下するもの	カキ，ミカン，リンゴ，ナシ	ジャガイモ，サツマイモ，タマネギ，カボチャ，キャベツ，ニンジン，スイカ	大
B型	温度が低くなるにつれて蒸散量も低下するもの	ビワ，クリ，モモ，ブドウ（欧州種），スモモ，イチジク	ダイコン，カリフラワー，トマト，エンドウ，メロン	中
C型	温度にかかわりなく蒸散が激しく起こるもの	イチゴ，ブドウ（米国種），オウトウ	セロリ，アスパラガス，ナス，キュウリ，ホウレンソウ，マッシュルーム	小

散速度が急激に増加することから，ワックスが蒸散に大きく関与していることは間違いない．湿度の高いところで生育した植物や未熟な果実は，蒸散速度が大きい傾向があるが，これはワックスをはじめとする表皮系の発達が不十分であることが原因である．

湿度は蒸散速度を決めるうえで最も重要な環境要因である．青果物の表面の水蒸気圧が外気の水蒸気圧よりも高い場合に起こる．原理的には，周囲の湿度を青果物のもつ水蒸気圧以上に保持すれば青果物からの蒸散は抑えられる．温度は蒸散速度を大きく左右するもう 1 つの環境要因である．温度が高くなるほど空気中に含みうる水蒸気量が大きくなって外気の水蒸気圧が低くなり，青果物表面の水蒸気圧との差が大きくなるからである．したがって蒸散を抑えるためには低温に保持することが重要である．ただし，その抑制効果は青果物の種類によって異なる（**表 9.4**）．収穫後管理技術を効率的に実施するために，蒸散特性の把握は必須である．このほか風や光は蒸散を促進する要因となり得るので注意が必要である．

(2)　呼　吸

園芸作物は，収穫後も呼吸を続けている．一般的には次式で示される．

$$C_6H_{12}O_6 + 6O_2 \rightarrow 6CO_2 + 6H_2O + \text{化学エネルギー}$$

呼吸の基質は糖であり，盛んに呼吸が行われると，糖が減少する．糖は味を左右する需要な成分であるため，呼吸が多いと品質低下につながる．呼吸速度は青果物の種類，発育段階，部位などによって異なり，一般的には発育途上の組織や器官で高い．また周囲の環境要因，特に温度，ガス環境の影響を強く受ける．

呼吸速度は温度によって大きな影響を受ける．呼吸活性の温度の影響は Q_{10}（温度係数）で表される．Q_{10} は温度が 10℃上昇することによって呼吸速度が何倍になるかを示した値である．Q_{10} は青果物の種類によって異なるが，2 ～ 3 程度が普通である．温度を 10℃下げれば呼吸量が 1/2 ～ 1/3 に抑えられることになる．

このように低温ほど呼吸速度は低下するため，なるべく細胞の凍結温度（freezing point）近くまで下げることが好ましい．ただし冷蔵庫の設定温度を低くしすぎると，庫内の温度むらが原因で凍結するリスクが高まる．実際の設定温度は，3℃程度が目安である．最近温度制御精度が高い冷蔵庫が開発されており，氷点下での貯蔵も注目されている．特に糖度の高い青果物では凍結温度が－2℃程度であり，氷点下での貯蔵は品質保持に効果的である．

酸素は生物にとって生命を維持するうえで必要なものであるが，青果物の収穫後の保存期間を長くするためには，周囲の酸素濃度を低下させて呼吸活性を抑制する必要がある．数％程度で最も呼吸が抑えられるものが多い．一方，二酸化炭素に関してもほぼ同様で，高くなることで呼吸抑制効果がある．

(3)　エチレン生成

老化の進行にエチレンが大きな役割を果たしている．エチレンは植物ホルモンのひとつで常温常圧で気体である．微量で種々の生理作用を引き起こし，収穫後の品質保持においては成熟や老化を促進することで知られる．エチレンの生合成系として，メチオニン→S-アデノシルメチオニン（SAM）→1-アミノシクロプロパン-1-カルボン酸（ACC）→エチレン（C_2H_4）が知られている．SAMからACCの反応はACC合成酵素が，ACCからエチレンの反応はACC酸化酵素がそれぞれ作用する．

エチレンが生理的作用を引き起こす濃度は青果物では0.1～1μL/L程度といわれている．みずからエチレンを生成するもの，エチレンは生成しないがエチレンによって成熟・老化が進むものなどさまざまなものがある（**表9.5**）．

収穫後果実の呼吸速度の変化を詳細に検討したイギリスのKiddとWestは1920年代にリンゴ果実の生理学的研究を行い，いったん減少した二酸化炭素放出量が，急激に増加してピークを描き，その後再び減少することを見

表9.5　青果物のエチレンの生成量・感受性（Cantwell, 2002より）

品目名	エチレン生成量	エチレン感受性	品目名	エチレン生成量	エチレン感受性
アスパラガス	VL	M	ホウレンソウ	VL	H
カボチャ	L	M	レタス	VL	H
キャベツ	VL	H	イチゴ	L	L
キュウリ	L	H	メロン(カンタローブ)	H	M
タマネギ	VL	L	メロン(ハネデュー)	M	H
トマト(緑熟)	VL	H	カ　キ	L	H
トマト(成熟)	H	L	セイヨウナシ	H	H
ナ　ス	L	M	バナナ	M	H
ハクサイ	VL	M－H	モ　モ	M	M
ジャガイモ	VL	M	リンゴ	VH	H
ピーマン	L	L	ウンシュウミカン	VL	M

エチレン生成量（20℃）
VL＝とても低い（<0.1μL/kg・hr）
L＝低い（0.1－1.0μℓ/kg・hr）
M＝普通（1.0－10.0μℓ/kg・hr）
H＝高い（10－100μℓ/kg・hr）

エチレン感受性
L＝低い
M＝普通
H＝高い

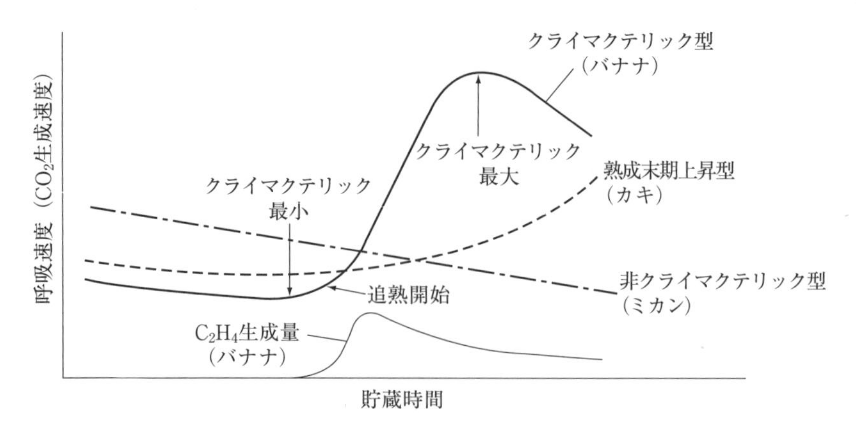

図 9.5　収穫後における果実の呼吸型と分類（斎藤他，1992 より）
クライマクテリック型果実：バナナ，トマト，リンゴ，セイヨウナシ，マンゴー，アボカド，キウイフルーツほか，
熟成末期上昇型果実：カキ，モモ，イチゴほか，
非クライマクテリック型果実：ミカンほか．

出した．収穫後に起きるこのような呼吸速度の変化は，エチレンの発生が引き金になっている．

エチレンの発生を契機に，呼吸速度が上昇して老化が一気に進むクライマクテリック型果実と，エチレンの発生の有無に関わらず呼吸速度が上昇しない非クライマクテリック型果実がある（**図 9.5**）．クライマクテリック型果実には，バナナ，マンゴー，パパイヤなどが含まれる．クライマクテリック現象に伴い，成熟が進み品質は向上する．ただし一度成熟のスイッチが入ると，老化は一気に進む．一方，非クライマクテリック型果実には，ブドウ，カンキツ，パイナップルなどが含まれる．一時的な呼吸上昇は起こらず，品質の向上を伴う変化があったとしても，その代謝活性の変化は比較的緩やかである．

9.3　園芸作物の収穫後管理

a.　品質評価技術

園芸作物は，工業製品のように，画一的な品質を求めることはできない．大きさは不揃いで，風味や栄養価もばらつく．このことが流通の円滑化や商品化を難しくしており，消費者からのクレームの対象となる．根本的な解決法はないが，「粒ぞろい」のよい園芸作物を提供するために規格化制度が導入された．収穫物を選別することで，消費者は質のそろった商品を手にすることができる．農林水産省は 1970 年に野菜 27 品目，果物 13 品目について，青果物の標準規格を定めた．標準規格のうち，青果物の外観の良否に関する区分である品位基準，青果物の大きさや重さの区分である大小基準について述べる．さらに近年技術進歩が著しい，品質の非破壊評価技術を取り上げる．

(1)　等級・階級

品位基準は，外観に基づいてランク付けするもので，外観（見栄え）のよいものは味がよく栄養価も高い，という前提がある．秀，優，良などと呼称し，これらのランクを等級という．たとえばリンゴ‘ふじ’では，病害や損傷がないことを前提にして，着色割合が70％以上を秀，50％以上を優，30％以上を良とする．これから外れるものは格外となる．従来ランク付けは，人が肉眼で行ってきた．そのため人，産地，時期などによって基準が異なることがしばしば起こった．現在では多くの産地で自動化が図られ，画像計測システムを用いることで瞬時に等級を判別できるようになった．

大小基準は，大きさに基づいてランク付けするもので，L，M，Sなどと呼称し，これらのランクを階級という．ミカンでは寸法が決められておりランク分けされる．一方リンゴでは重さを基準に階級が決められているが，1個1個重さを測定するのは難しいので，2段詰め10 kgダンボール箱のトレーに入る玉数で表記される．‘ふじ’では26玉，28玉，…などである．玉数が多いほど果実としては小さい（軽い）ことになる．等級同様，自動化が図られてきたが，重さよりも形状の方が画像計測システムを適用しやすいので，今では多くのもので長さなど形状を基準に選果が行われている．

(2)　等級・階級選別の簡素化の動き

このように園芸作物では，国が標準規格を定めたが，実際の現場では等級階級区分をさらに細分化した「産地規格」が存在する．たとえば野菜では，階級でいうと3区分が一般的であるが，実際は4ないし5，多いものでは8区分もの階級に分けられている．このような細分化はおのずとコスト上昇につながり，流通経費の削減が叫ばれる中，簡素化の動きが出始めた．おりしも低価格の輸入野菜が増える時期と重なっている．このような動きを受けて2002年3月には，国の野菜に関する等級階級が廃止された．しかし野菜の産地では，いまなお等級階級による選別が行われている．今後，コスト削減を見据えながら，選別技術の導入を図っていく必要があるだろう．

(3)　品質の非破壊評価

等級階級選別では，外観品質を基準に区分しているが，前述したように外観の優れたものは味覚や栄養価も高いことが前提となっている．それでもなお，外観と中味のミスマッチがあり，消費者からクレームが寄せられることがある．従来は，抜き取り調査が行われ，実際に糖度や酸度が分析された．ただし外観と中味のミスマッチを十分に防ぐことはできなかった．消費者意識が高まりをみせる中，外観だけでなく中味も保証する必要性が高まり，最近では出荷する全量について，非破壊で品質を評価する方法が開発されている．

光センサーと呼ばれる装置がそれで，対象物に近赤外光を当て，反射もしくは透過した光を測定して，糖度や酸度などの品質や内部の褐変程度を評価するものである．糖度に関しては高精度で推定ができ（**図9.6**），実際に選

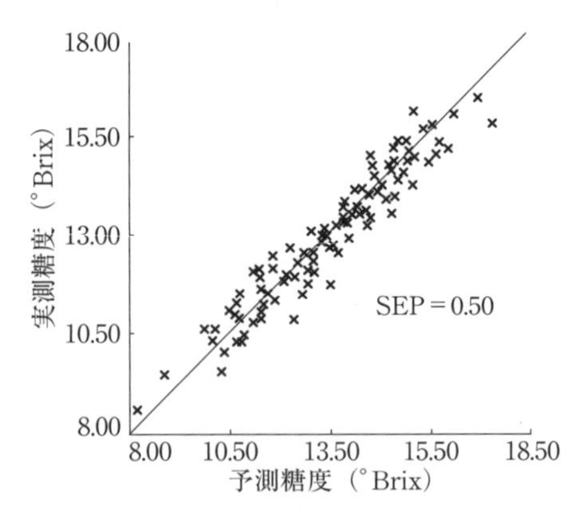

図9.6　近赤外分光法によるモモ果実の糖度と従来法による値の関係（Kawano *et al*., 1992より）

モモ果実の実測糖度（縦軸）とセンサーによる予測糖度（横軸）との関係を表したもので，相関関係はきわめて高く，ほぼ一直線の回帰直線が得られている．実際の糖度とセンサー糖度との差の標準誤差（SEP）も0.50と小さく，糖度選別機として利用できる．

果場に導入が進んでいる．1989年に山梨県西野農協（当時）に導入された光センサーが実用的選果のはじめである．光センサー技術は，消費者に味覚などの品質の保証を行うための技術であるが，同時にその情報を生産者に還元することで，生産改善につなげることができる．たとえば和歌山県では，ミカン果実に対して全量検査を行い，そのデータを生産者に戻し，施肥設計の改善やマルチの導入などを実施する根拠となっている．

b.　品質保持・品質向上技術

園芸作物は収穫後も「生きている」ため，時々刻々品質は変化する．穀物と比べると明らかにその変化が大きく，収穫後の取り扱い方の良し悪しが，その後の品質を大きく左右する．いかにとれたての状態を維持して，品質を変化させないかが収穫後技術の基本となる．なかにはバナナのように，硬くて食べられない段階で収穫し，収穫後に品質を変化（向上）させておいしく食べられるようにするものもあるので，収穫後技術に求められている内容は実にさまざまである．典型的な品質保持・向上技術について，栽培条件からさかのぼって紹介する．

(1)　栽培条件

収穫後の品質保持を大きく左右する栽培条件として，遺伝的因子，栽培技術，栽培環境条件などがある．これらが相互に影響する中で品質が決定する．適切な品種を選び，栽培技術を改善することで収穫後の品質保持を図ることができる．

品種と台木の選択によって品質保持時間は変化する．新品種の育成は，収量や耐病性が重視されてきたが，最近食味や収穫後の日持ち性も目標とされるようになった．近年では特定の機能性成分の含量を高めた品種や，収穫後の日持ち性を左右するエチレン生成量の少ない品種の育成なども行われている．台木の選択は，耐病性はもとより青果物の品質を大きく左右する．結果的に収穫後の品質保持にも影響を与える．

施肥条件も収穫後の品質保持に影響する．従来は収量との関係で最適な施肥条件が決められてきた．品質と収穫後の日持ち性といった観点から，施肥条件の検討が進められている．たとえばカルシウムは，収穫後の品質への影響が大きい．収穫後品質の向上には高濃度のカルシウムが必要とされ，根からの吸収だけでは難しいので，葉や果実へ直接カルシウム散布する方法で吸収効率を高めて効果をあげている．

灌水も施肥同様収量との関連でデータが集められてきた．最近は根域制限などで適切な水分管理を行い高品質な果実を生産する方法も多くみられるようになった．ただし収穫後の品質保持との関係をみたものは少ない．経験的に，過剰の灌水や収穫直前の雨等によって，成分含量の低下や収穫後の病害発生の増加がみられ，収穫後の劣化が早まることが知られている．一般的には，水ストレスがない状態では収量は最大になるが収穫後の品質は低下し，水ストレスが少しかかった状態では収量をやや減少させる一方，収穫後の品質は高まるといえるだろう．

作期によっても品質は大きく変わる．温度，光条件の違いによるところが大きいが，たとえば栽培時期によるホウレンソウのビタミンC含量の変化をみると，冬期に多く，夏期に少ない．この点を考慮して，日本食品標準成分表では，2000年に発行された五訂版から「夏採」と「冬採」に分けて含量を表示するようになった．その差は3倍にものぼる．

(2)　収穫段階と収穫適期

収穫段階は，青果物の種類によって異なる．前述（9.1節c.を参照）したように果実類にはほぼ成長を終了した時点で収穫・利用されるものが多いが，野菜類には成長中に収穫・利用されるものが多い．それぞれの青果物でどの発育段階で収穫するかは品質を大きく左右するため，その見極めは大切である．消費者に届くまでの輸送距離や時間を考慮して，少し早めに収穫されることが多い．

収穫適期の判定は，播種や開花から収穫までの日数，発育中の積算温度，大きさ・形など外観の特徴，固さ，離層形成の有無，色などから経験的に判断される．また，抜き取りでサンプリングして直接成分量を測定する方法，非破壊評価法が確立している成分についてはポータブルな測定機器を使って圃場で測定する方法，成熟・老化の指標となるエチレン生成を測定する方法など，収穫適期を決める方法はさまざまである．一方キャベツなどの一部の野菜では，収穫適期はある程度幅があり，出荷状況に合わせて，収穫を行うことができる．切り花では，どの段階で収穫するかを切り前と呼ぶ．多くの品目でつぼみがまだ十分に開いていない段階で収穫する．切り花が最も観賞価値を発揮するのは，収穫後しばらく日数を経てからである．さらに日が経つと，離層が形成され落花や落葉が起こり，観賞価値を失う．

積算温度
植物，特に農作物の生育に要する指標のひとつ．生育期間の日平均気温が基準温度を超えた分だけ合計したもの．

(3)　予　冷

呼吸速度が大きい野菜では特に，収穫後は分刻みでできるだけ早く温度を下げて出荷することが必要である．収穫後できるだけ速やかに呼吸などが極力抑えられるまで温度を下げる技術がある．これを予冷という．予冷には，いくつかの方式が開発されており，強制通風予冷，差圧通風予冷が代表的である．強制通風予冷は，低温貯蔵庫に比較的高い冷凍能力と送風量をもつ冷凍機を設置し，冷風をダンボール箱等に直接吹き付けて冷却する方式である．安価な一方冷却に時間がかかる欠点がある．差圧通風予冷は，冷蔵庫内にファンを設けて圧力差を生じさせて，冷気をダンボール箱の中に通しやすくした方式である．強制通風予冷と比べて冷却むらが少なく，冷却速度は速い．さらに冷却速度を速めた予冷方式に真空予冷がある．原理としては減圧にすることで水の沸点を下げ，常温下で水を気化させる方法である．気化熱で青果物の温度が下がる．レタスでは真空予冷が多く行われている．装置が高いのが欠点である．

(4)　その他の出荷前処理

予措(よそ)：　カンキツ類の貯蔵に際し，収穫後果実に乾燥処理を施してから貯蔵する．これを予措という．予措は果皮水分を低下させ，果皮のガス透過性を抑制させる処理である．この結果，果実内は低酸素，高二酸化炭素濃度を示し，呼吸速度が低下する．貯蔵中の品質低下を防ぎ，腐敗果の発生が抑えられる（**図 9.7**）．

キュアリング：　サツマイモを貯蔵する前に行われる．32 ～ 35℃，85 ～ 90% RH で処理する．収穫の際に生じた傷口のコルク化を図り，病原菌の侵入を防ぐための処理である．

追熟処理：　バナナが最も一般的であるが，収穫後追熟を促進する処理である．バナナの場合，未熟果実しか輸入できないので，日本到着後に追熟を進めて店頭に並べる．室(むろ)と呼ばれる気密性の高い部屋で，エチレン濃度 10 ～ 1000 μL/L，20 ～ 25℃，15 時間処理で追熟させる．バナナのほか，キウ

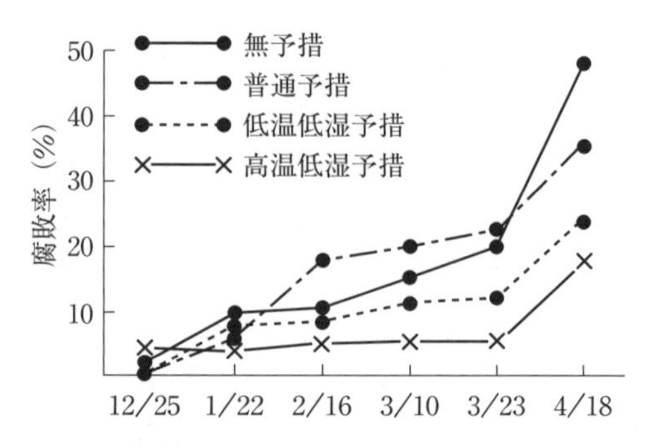

図 9.7　ウンシュウミカンの貯蔵における予措の有無と腐敗率の変化（真子，1988 より）
無予措：7℃，95 ～ 100% RH，果重目減り 2.0%，
普通予措：7℃，80% RH，果重目減り 4.0%，
低温低湿予措：3℃，75% RH，果重目減り 4.6%，
高温低湿予措：10℃，77% RH，果重目減り 5.6%．

イフルーツの追熟促進やカンキツのカラーリング（着色促進）でも同様の処理が行われる．

脱渋処理：　渋ガキの脱渋はエチルアルコール処理（ポリ袋内に果実を入れ35％アルコールを噴霧して密封）が行われてきたが，大規模に処理する場合，現在は高濃度の二酸化炭素処理が一般的になってきた．20℃で24時間程度処理後，2～3日放置すれば渋は抜ける．脱渋は渋味を呈するタンニン物質を消失させるのではなく，不溶化させる処理である．不溶化は一般にアセトアルデヒドとの縮合による．二酸化炭素による脱渋は嫌気条件によるアセトアルデヒドの生成，アルコールによる脱渋はエチルアルコールからアルコールデヒドロゲナーゼによるアセトアルデヒド生成に基づく．

ワックス処理：　蒸散防止のために果皮表面にワックスを塗布する処理がある．ウンシュウミカンでは高温時に収穫される極早生ミカンで利用されることが多い．青果物に塗布するワックスは食品衛生法の適用を受けている．

エチレン作用阻害剤：　クライマクテリック型果実のように，エチレン生成を引き金にして呼吸速度が上昇し，老化が急激に進むものに対しては，エチレンの作用をいかにして阻害するかが品質保持上重要である．エチレンによる成熟・老化の進行は，エチレンとエチレン受容体と呼ばれるタンパク質が結合することによって引き起こされる．エチレン受容体は，エチレンと結合していない状態では成熟・老化を抑制している．いったんエチレンと結合すると，抑制作用が失われ，成熟・老化が進行する．エチレン受容体に対してエチレンよりも結合しやすい物質でふたをして，エチレンの結合を阻止する物質がある．エチレン作用阻害剤と呼ばれ，普及も進んでいる．切り花におけるチオ硫酸銀錯塩（STS）と，果実における1-メチルシクロプロペン（1-MCP）である．STSの主成分は銀であり，切り花を溶液に浸けて吸収させる．多くのエチレン感受性の切り花で花持ち延長効果を示す．カーネー

チオ硫酸銀錯塩（STS）
硫酸銀（$AgNO_3$）とチオ硫酸ナトリウム（$Na_2S_2O_3$）とをモル濃度比で1：4～8の比率で混合した液．silver thiosulfate anionic complexの英名からSTSと称される．

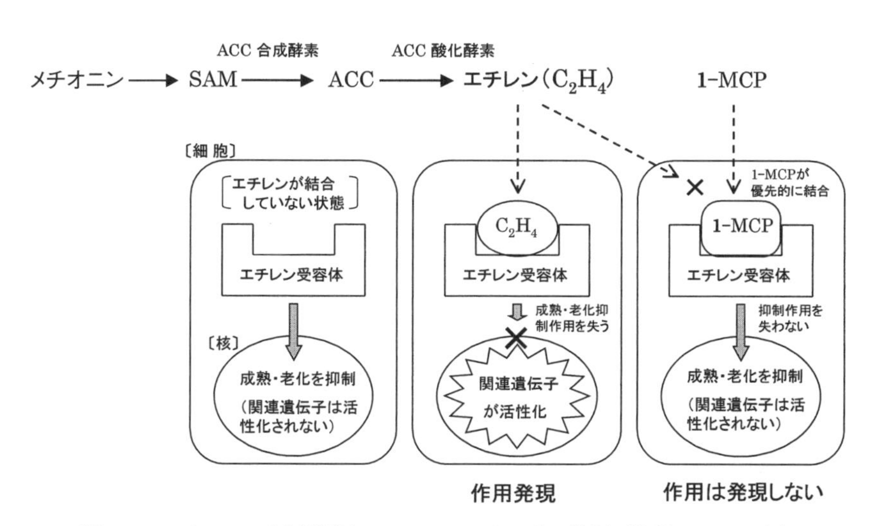

図9.8　エチレンの作用機構と，1-MCPによるその抑制（樫村，2006より）
STSによるエチレン作用抑制も1-MCPと同様の機構で説明できる．

ション，デルフィニウム，スイートピー，シュッコンカスミソウなどでは花持ち期間が2倍以上になる．一方1-MCPは，リンゴ，ナシ，カキで農薬登録されたエチレン作用阻害剤である．極めて低濃度で顕著な品質保持効果を示す（**図9.8**）．常温・常圧でガスなので，気密性の高い容器内で1-MCPを発生させて処理する．リンゴでは酸度の減少や軟化を著しく抑制する効果を示す．

糖処理： 切り花では，収穫後の水揚げ時，もしくは小売店や消費者段階での生け水中に糖を加えることで，品質保持期間を延ばすことができる．同時につぼみの開花を促進し，花色や花の大きさの改善効果もある．切り花の種類によって適切な糖の種類や濃度は異なる．特に糖濃度が高いと，葉に障害が現れることが多いので注意が必要である．

(5) 貯蔵技術

常温貯蔵： 常温貯蔵は，環境条件の調節を冷凍機などの機械に頼らず行う方法である．自然環境の温度・湿度条件をうまく利用する．品質保持を図りながら，出荷時期をコントロールするのが目的である．土壁，断熱材などを利用し，暖地では高温にならないように，寒冷地では低温にならないように，断熱する．湿度の適正化のため，換気方法や換気回数の調節も管理上重要である．ウンシュウミカンでは，収穫から3月末までの貯蔵が行われている．元来貯蔵性は低い果実であるが，貯蔵庫内の温度が上昇しないように工夫し，また乾いた空気を流れるようにしたことで，長期貯蔵が可能となった．貯蔵庫内の温度は5℃前後を目安にしている．吸排気口や窓の開閉で湿度調節を行っている．果実は底の浅い木箱に1個1個平詰めして貯蔵する．これは果実が過湿になるのを防ぐ目的がある．リンゴの場合，外気温が零下に下がる時期に収穫・貯蔵する．そのため建物内でも凍結の恐れがある．そこで断熱性の高い地下室（むろ）で保温して貯蔵する．庫内はほぼ0℃に保たれ冷凍機を用いる必要はないが，春先，外気温の上昇にともない品質低下を招くので，貯蔵期間は限られる．

低温貯蔵（low temperature storage）： 低温貯蔵は，冷凍機などの機械を使って低温下で貯蔵する方法である．利用する場所の近くで冷媒の気化熱により冷却管を冷やす直接膨張（直膨）式が一般的で，断熱パネルを組み立てた庫内に，冷凍機とファンを設置することが多い．一方，いったん冷却したブライン（二次冷媒）を循環させて冷却する間接冷却式がある．ブラインを断熱パネルの内側（壁面）を回すタイプや，天井にU字型に曲げたパイプを張り巡らせて自然対流で冷却するタイプなどがある．直膨式は安価だが冷却管に霜が付きやすく庫内湿度が低くなりやすいなどの短所がある．間接冷却式は設備費がやや高価だが，湿度が維持できる利点がある．青果物の場合，貯蔵温度は0～5℃，湿度は80～95% RHが貯蔵に最適な条件であるものが多い．ただし低温障害（9.2節a.の（1）を参照）の発生が懸念される青果物もあるので，種類に応じた最適貯蔵条件の検討が必要である．

表 9.6 青果物の CA 貯蔵条件と貯蔵期間（緒方，1975 より）

品　目	温度（℃）	湿度（%）	ガス組成		貯蔵期間（月）	
			CO_2（%）	O_2（%）	CA 貯蔵	普通冷蔵
リンゴ（ふじ）	0	90〜95	1〜2	2〜3	6〜7	4
（スターキング）	2	90〜95	2	3〜4	7〜8	5
ナシ（二十世紀）	0	90	0〜4	3〜5	4〜6	3〜4
カキ（富有）	0	90〜95	7〜8	2〜3	5〜6	2
ク　リ	0	80〜90	5〜7	2〜4	7〜8	5〜6
ジャガイモ（男爵）	3	85〜90	2〜3	3〜5	8	6
（メークイン）	3	85〜90	3〜5	3〜5	7〜8	4〜5
ナガイモ	3	90〜95	2〜4	4〜7	8	4
ニンニク	0	80〜85	5〜8	2〜4	10	4〜5
トマト（緑熟果）	10〜12	90〜95	2〜3	3〜5	5〜6 週	3〜4 週
レタス	0	90〜95	2〜3	3〜5	3〜4 週	2〜3 週

CA 貯蔵（controlled atmosphere storage）： 低温貯蔵は品質保持を図りながら出荷時期をコントロールする非常に効果的な方法である．さらに貯蔵期間を長くできるのが CA 貯蔵と呼ばれる貯蔵方式である．低温管理するとともに，貯蔵庫内のガス濃度も調節する方法である．空気中の酸素，二酸化炭素濃度はそれぞれ 21%，0.03% であるが，CA 貯蔵庫内ではたとえば酸素濃度を 2% 程度まで低下させ，二酸化炭素濃度を 2% 程度まで上昇させる．もちろん青果物の種類によって適するガス濃度は異なる（**表 9.6**）．呼吸抑制効果をねらったもので，とくにクライマクテリック型果実で品質保持効果は大きい．リンゴの貯蔵で使われている．ガスコントロールの方法には，再循環方式と吸着分離方式がある．いずれも貯蔵物が呼吸により酸素を消費し，二酸化炭素を排出することを利用している．ただし呼吸だけで最適なガス濃度調節はできない．二酸化炭素は過剰に排出されるので，これを吸収する必要がある．一方，酸素濃度は，呼吸だけでは低下が不十分である．再循環方式は酸素減少用の燃焼装置がついている．一方，吸着分離方式は外気よりも高濃度の窒素ガスをつくりだし，庫内の酸素濃度を低下させる方式である．現在，吸着分離方式を採用した CA 貯蔵庫がほとんどである．また老化を進めるエチレンや，揮発性の有害物質を除去する装置がついていることが多い．

(6) MA 包装（modified atmosphere packaging：MAP）

包装資材の酸素，二酸化炭素や水蒸気の透過性の違いを利用して，包装内に最適な環境条件をつくり，品質保持に活かそうとする方式のことを MA 包装という（**図 9.9**）．青果物の品質保持技術としては，プラスチックフィルムが用いられることが多い．プラスチックフィルム包装では，包装内が高湿度に保たれることで蒸散を防止し，同時に呼吸によって包装内のガス環境が低酸素，高二酸化炭素状態になることで呼吸を抑制する効果がある．CA 貯蔵と比べると，安価にガス濃度調節ができる特徴がある．一方，フィルム

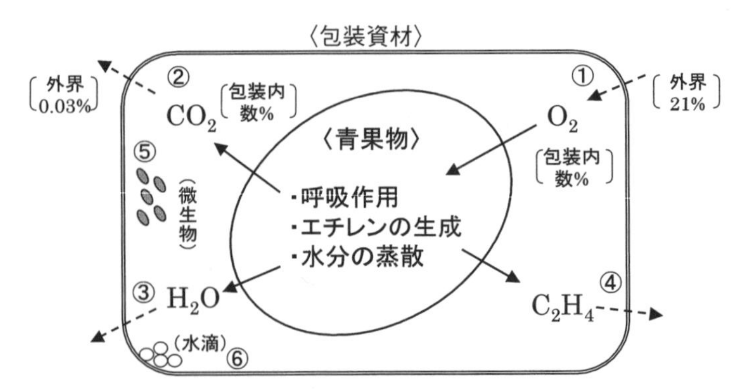

図 9.9　青果物の包装内の条件と包装資材に求められる特性（①～⑥）
①，②：酸素，二酸化炭素の透過性，③：水蒸気の透過性，④：エチレンの透過性あるいは吸着・分解等の特性，⑤：抗菌性，⑥：防曇（水滴で曇らないこと）．

のガス透過性が低いと，いきすぎた低酸素濃度，高二酸化炭素状態をまねき，青果物に生理障害が起きる場合がある．特に異臭や果皮褐変の発生が問題となる．一般的に青果物に用いられるフィルムはポリエチレンもしくはポリプロピレンを素材としている．ポリエチレンは比較的ガス透過性が高く，0.03 mm 程度の厚さのものがよく使われる．ただしポリプロピレンと比較すると透明度が低く，また「コシ」が弱いため，スーパーなどで袋に入れて立てて販売する場合には向かない．一方，ポリプロピレンは透明度が高くコシが強いので，スーパーなどの陳列販売ではよく使われるようになった．ただしガス透過性が低いのでガス濃度調節を期待した MA 包装で使われることは少なかった．最近になって，ポリプロピレン素材に小さな穴を開けた微細孔フィルムが開発された．ガス濃度調節作用ももたせたポリプロピレンフィルムとして，品質低下の激しいエダマメなどで利用されるようになり効果をあげている．

その他，フィルム内部が水滴によって見えにくくなるのを防ぐ防曇フィルムが一般的に普及している．これはフィルム内側に界面活性剤を塗布することで曇りを防いでいる．そのほか抗菌性フィルムや，結露を防ぐように水蒸気透過性を高めたフィルムも開発されている．

抗菌性フィルム
銀ゼオライト，ヒノキチオール，アリルイソチオシアネート，二酸化チタンなどの抗菌性物質を練りこんだフィルムのこと．

(7)　輸送技術

輸送容器：　グローバル化が進む中，青果物をはじめとする農産物の輸送距離・時間は，ますます長くなる傾向にある．青果物には輸送中に傷みやすいものが多く，傷害や品質低下を抑える輸送容器が求められている．イチゴを例に輸送容器を紹介する．イチゴはパックに2段詰めするのが基本である．この場合，果実どうしの接触による傷みが発生しやすい．そのため，ウレタン敷きの1段詰めやひとつひとつのくぼみ（ホール）に果実を詰める方法がとられる．ただしこれでも輸送時に「玉おどり（まわり）」による資材との擦れは防げない．そこで，伸縮性のあるフィルムによって果実を宙吊り状態で固定し動きを抑え，衝撃による傷を軽減する容器が開発されている．

コスト面での課題はあるものの，輸出などの場面で実用化が期待されている．

湿式輸送：　切り花の輸送には大きく乾式と湿式があり，乾式が主流である．いくつかの種類では，水につけたままの状態で輸送する湿式輸送が導入されている．花の根元を吸水剤で覆う簡易なタイプから，縦型ダンボール箱に水がこぼれにくいような工夫をした容器を入れたもの，またプラスチック製のバケツ（バケット）に少量の水を入れて運ぶものなど，いろいろなタイプがある．縦型ダンボール箱が最も多い．トラック輸送では，積載効率が悪くなるが，低温輸送と組み合わせることで，品質保持上効果があるといわれている．

コンテナ輸送：　わが国は世界最大の農産物輸入国で，海外との農産物貿易は，一貫して増加傾向にある．これを物流の面から支えたのが，航空コンテナ輸送，海上コンテナ輸送である．園芸作物の輸送を想定した場合，航空コンテナ輸送は，輸送時間が短く，品質保持への影響は小さいとされる．ただし飛行機への荷の積み込みおよび飛行機からの荷下ろし時の衝撃が大きくなる懸念がある．また低温管理が難しく，滑走路上で一時的に高温にさらされる場合がある．一方海上コンテナ輸送は，運賃が安いが，輸送に時間を要するので，品質保持技術が必要とされる．そこで，気密性が保たれた一般的な貨物輸送に使われるコンテナ（ドライコンテナ）に冷蔵設備を備え付けたリーファーコンテナ（reefer containers）が多用されるようになった．海上コンテナはおもに長さが 20 フィート，40 フィートの 2 種類がある．40 フィートコンテナは全長約 12 m で観光バス 1 台ほどの大きさである．小口輸送には向かないが，輸送効率を飛躍的に向上させる役割を果たしてきた．

c.　収穫後管理の実際

以上のように園芸作物の収穫後管理には，さまざまな技術があり，園芸作物それぞれの生理的性質を理解し，適切な収穫後管理技術を適用しなければならない．基本は，産地で予冷後，冷蔵車で輸送し，消費地でも低温を維持することである．収穫物の出荷から消費者に届くまでの間，低温を維持管理するシステムを「コールドチェーン」という．1965 年の科学技術庁による「食品流通体系の近代化に関する勧告（コールドチェーン勧告）」を契機に考え方として急速に広まった．コールドチェーンが一時的に途切れると，品質保持上は問題が大きい．大量の荷物を一時に扱う市場では，コールドチェーンが途切れることが問題となっていた．最近は，低温管理の重要性が認識され，市場でもとくに品質保持の難しい野菜類を中心に，温度管理システムが構築され，成果をあげている．本項では，レタス，リンゴを取り上げ，消費者に届くまでに利用されている収穫後管理技術の実際を紹介する．

(1)　レタスが届くまで

レタスは，1 年中いつでもフレッシュな状態で食べられる．これは，夏期の収穫を標高が高く冷涼な気候を利用した高冷地農業の産地（長野県など）が担い，また冬期の収穫を温暖な気候を利用した低暖地の産地（香川県など）が担う，「産地リレー」によるところが大きい．

夏期の中心産地となる長野県では，陽が昇る前，気温がまだ高くならない時間帯から収穫が始まる．包丁を使ってひとつひとつ丁寧に収穫し，切り口を上にして圃場に並べる．切り口から変色の原因となる乳状の液が出るので，これを水で洗い流すためである．その後，ダンボールもしくはプラスチックコンテナ（1ケースに12～18玉）に詰める．少しでも早く予冷庫まで運ぶため，後方にバケットと呼ばれる荷台を装着したレタス運搬専用トラクターを圃場の中まで乗り入れる．予冷庫に運び込まれたレタスは，順次真空予冷装置で冷やされる．所要時間は30分程度．予冷後すぐに出荷されるレタスは，冷蔵トラックに積み込まれる．出荷までしばらく留め置きする場合は，低温貯蔵庫に入れられる．いずれの場合も，市場までは5℃程度の温度が維持されるコールドチェーンが確立している．これらの技術により，特に夏期に市場で廃棄されるレタスは格段に少なくなった．

最近はカットレタスにまで一次加工されてスーパーに並ぶ場合も多い．カットレタスは，加工工場で，外葉・芯の除去→切断→洗浄→脱水→計量→包装の各過程を経て出荷される．外葉・芯の除去は手作業で，その後の過程は衛生管理を徹底したクリーンルームにおいてほぼ機械で行われている．購買後，洗わずにすぐ食べられるので，人気が高い．

(2) リンゴが届くまで

果物は野菜よりも季節性があり，旬の時期しか食べられないものが多い．その中でリンゴは，収穫後管理技術が発達し，1年中いつでも楽しめるようになった．8月～11月は，早生品種（‘つがる’など），中生品種（‘ジョナゴールド’など），晩生品種（‘王林’，‘ふじ’など）でつなぎ，その後翌年の7月までは‘ふじ’を中心に貯蔵リンゴを供給する．貯蔵リンゴの場合，2月までは低温貯蔵（温度0℃，湿度90％程度）で十分品質の高い果実を出荷できるが，3月以降は低温にガス濃度をコントロールしたCA貯蔵（酸素2％，二酸化炭素2％程度）した果実でないと品質を保てない．CA貯蔵用には，栽培中に袋がけをして着色を早め，早期収穫した果実が利用される．CA貯蔵した果実では，出庫後温度の高い状態に置かれると品質劣化が早いため，流通には保冷効果の高い発泡スチロール箱が使われることがある．

最近は，エチレン作用阻害剤1-MCPの利用も進んでいる．この薬剤で処理したリンゴは，低温貯蔵でもCA貯蔵並みの品質保持効果がある．さらに，コールドチェーンが途切れても一定期間はその効果が持続する．海上輸送用コンテナを使った輸出も増えており，海外での評価も高い．

［馬場 正］

文　　献

1)　茶珍和雄（1991）：青果物・花き鮮度管理ハンドブック（岩元睦夫他編），pp.25−28，サイエンスフォーラム．

2)　Kader, A. A.（2002）：*Postharvest Technology of Horticultural Crops*（Kader, A. A. ed.），pp.39−47, University of California.

3)　Harvey, J. M.（1978）：Reduction of losses in fresh market fruits and vegetables. *Ann. Rev. Phytopathol.*, **16**：321−341.

4)　邨田卓夫（1980）：青果物の低温流通と低温障害．コールドチェーン研究，**6**：42−51.

5)　Mir, N and Beaudry, R.（2002）：*Fruit Quality and its Biological Basis*（Knee, M. ed.），pp.122−156, Sheffield Academic Press.

6)　樽谷隆之（1963）：果実・そ菜の貯蔵．日本食品工業学会誌，**10**：186−202.

7)　Cantwell, M. I.（2002）：*Postharvest Technology of Horticultural Crops*（Karder, A. A. ed.），pp.511-518, University of California.

8)　斎藤　隆他（1992）：園芸学概論，文永堂出版．

9)　Kawano, S. *et al.*（1992）：Determination of sugar content in intact peaches by near infrared spectroscopy with fiber optics in interactance mode. *J. Japan. Soc. Hort. Sci.*, **61**：445−451.

10)　真子正史（1988）：神奈川県園芸試験場研究報告，**37**：1−84.

11)　樫村芳記（2006）：1-MCP 開発の現状と実用化への課題．フレッシュフードシステム，**35**：23−27.

12)　緒方邦安（1975）：コールドチェーンにおける青果物の品質保持に関する諸問題．コールドチェーン研究，**1**（2）：3−11.

健康と園芸学

〔キーワード〕 園芸作物の健康機能性，都市園芸学，社会園芸学，園芸福祉，園芸療法

近年，世界的に長寿化が進み，健康に関わる事柄に関心が高まっている．前述の通り，野菜や果物は人が生きていくために必須の食品であり，健康を維持するうえで欠かせないだけでなく，日々の食卓の楽しみとうるおいを与えてくれる．

一方，とくに人口の集中，過密化が進む都市部においては，景観が重視され，環境の美化，アメニティ創造が重要な課題であり，「やすらぎ」，「自然」，「うるおい」を与える園芸植物，なかでも花卉と緑が共に重要な役割を担っている．花卉，緑の利用は調和のとれた生活環境の創造があり，それは人の居住空間における快適環境（アメニティ）の創造にもつながっている．加えて，ストレス社会と呼ばれる現代において，花や緑がもたらすストレス軽減効果なども注目されている．

このように，野菜，果物，花や緑は人にとって身近な存在であり，野菜と果物は食生活を，花や緑は住生活を支えている．この章では，人の健康と園芸との関係についてみていくことにする．

10.1 園芸作物の健康機能性

さまざまな食品がもつ多様な健康機能性に注目が集まるようになって久しい．食品の健康機能性に関する疫学的調査において，ウンシュウミカンに特異的に含まれるβ-クリプトキサンチンが骨粗しょう症の予防に効果があることが明らかにされ，ウンシュウミカンでは機能性表示が実現している．

従来から副食として食されている野菜には糖質，脂質，タンパク質，ビタミン，ミネラルといった栄養素以外にも，細胞の老化を防ぐポリフェノール，免疫細胞を増やす硫黄化合物，がんの予防・制御などに効果のあるカロテノイドなど，数多くの機能性成分が含まれていることが明らかにされている（**表 10.1**）．野菜を積極的に食べることを推奨する動きは世界的に活発であるが，日本では野菜の消費量は低下しており，とりわけ若年層でその傾向が強い．

食品の機能には，栄養，おいしさ，生体調節に関わる3つの機能があり，生体調節機能は人の体の各種機能を調節するはたらきがあり，先述の骨粗しょう症をはじめとする生活習慣病の予防や回復などに作用する．生体調節

表 10.1　成分からみたおもな野菜の機能性（佐竹，2016 を改変）

野菜の種類	含まれる機能性成分	おもな機能性
ナス，トマト，ホウレンソウなど	フラボノイド（ルチン，ヘスペリジン）	毛細血管の強化，血液改善効果，LDL コレステロールの低下，抗アレルギー作用，免疫力アップなど
トウガラシ，シソ，ニンジン，パセリ，ホウレンソウなど	カプサイシン	毛細血管の血行がよくなり発汗作用や脂肪分の分解効果がある
ニンジン，シソなど	カロテン	コレステロールを下げる
タマネギ，レタス，ブロッコリーなど	ケルセチン	生活習慣病の予防，改善
トマト，スイカなど	リコペン	動脈硬化，脳梗塞，心筋梗塞，高血圧を予防
タマネギ，ニンニクなど	硫化アリル	血液をサラサラにする．血液中の脂質を減らす．糖尿病，高血圧，動脈硬化を予防

の機能に効果のある成分を機能性成分と呼んでいる．たとえば野菜の機能性を高める技術としては，交配育種，遺伝子組み換えおよび栽培環境の制御などがある．リコペン値の高いトマトが交配育種によって誕生し，また栄養価を高める，有害物質を減少させる，などの遺伝子組み換え作物の開発も近年活発になっており，涙の出ないタマネギなども生み出されている．一方，人工的に栽培環境を制御し，野菜を生産する植物工場が近年増加しており，異なる LED 照明を組み合わせて栽培光源として用いることなどにより，リーフレタスのアスコルビン酸やアントシアニンといった機能性成分の含量を増加させることが可能であることが明らかにされている．

一方，もっぱら観賞のために生産されてきた花卉において，近年ではエディブルフラワー（食用花）の生産が普及してきており，花材としてだけでなく，新しい食材としての需要が見込まれる．

エディブルフラワー（edible flower）
食用花（食べられる花）のこと．わが国では農林水産省のガイドラインに基づいて栽培されている．バラ，ビオラ，ナスタチューム，キンギョソウなどがある．

栄養と機能性成分に富んだ果物や野菜を食べることは健康増進につながり，機能性を備えた園芸作物の開発は消費拡大のきっかけとして大いに期待される．

10.2　都市園芸学

都市部においてはビルの高層化，道路の高密度化など，都市環境の無機化はヒートアイランド現象を引き起こし，大気汚染や温室効果をもたらし，都市部をはじめとするあらゆる地域，空間の快適性が損なわれつつある．このような空間に植物を配置して，花壇をつくり，屋上や壁面，屋内・室内に緑化を施したり，花のある街づくりを実践することで大気および水の浄化，騒音の緩和や景観の整備をすることで，都市の無機的な環境を有機的な環境に代えて快適性を向上させる役割を担うのが都市園芸学である．

近年では，地球的規模の視点から，自然がもつ多様な機能を賢く利用し，持続可能な社会と経済の発展のために寄与するインフラや土地利用計画のことをさす，グリーンインフラという考えも登場している．また，オフィスや室内に植物を配置することにより，人間の快適性を向上させようという研究も進んでいる．中でも以下に紹介する花壇および各種の緑化が具体的な事例である．

a. 花　　壇

花壇（flower bed）とは，庭園（garden）や公園に設けた草花類や樹木類を植栽した花床のことである．現代の花壇は植栽する材料，観賞時期，形状，様式などによって，いくつかに類別されている．

代表的な花壇は以下のとおりである．

① カーペット花壇（carpet garden）：　幾何学的な模様・図案によって，比較的草丈の低い草花をじゅうたんのように敷き詰めて植栽する．花壇とその観賞場所の間に高低差がある場合に適し，四方から観賞することが前提となる．

② ボーダー花壇（border flower bed, border garden）：　生け垣や塀，壁などを背にしてつくられ，花壇への視点が通路側からのみとなるため，前方が低く，後方が高くなるよう立体的な植栽とする．

③ ボックス花壇（container garden）：　コンテナガーデンとも呼ばれる．ポットやプランターなどのコンテナ（容器）に草花を植栽し観賞する．移動が容易なこと，家庭でも簡単に楽しめることなどから人気が高まっている．

b. 屋上緑化

緑で覆われた土地は，日中は熱くなりにくく，夜間は速やかに温度が下がり，透水性，保水性ともに優れている．さらに土や植物は，多彩な生物の生活や繁殖の場ともなっている．これら緑の特性により，都市の緑化にはさまざまな効果が期待できる（**表 10.2**）．

屋根や屋上で植物を栽培することを屋上緑化といい，ヒートアイランド現象の緩和，遮熱，建築物の保護や耐久性の向上，防音，保水性の向上，大気汚染の吸収・吸着，景観の向上などを目的に行われている．元来，屋上は植栽用にはつくられていないので，緑化する際には防水や防根対策，灌水技術，土壌の軽量化などが必要である．とりわけ，使用する土壌の軽量化については重要で，建築基準法の積載荷重を超えない範囲での施工が求められる．パーライトなどの軽量資材を混ぜて，土壌を軽量化したり，マット植物を用いることで土壌の薄層化が図られている．

ヒートアイランド現象
地表面における熱の収支が，道路舗装や建築物の増加，冷暖房などの人工的な熱の増加によって変化し，都市中心部の気温が郊外に比べて高くなる現象．等温線を描くと，島の形に似ることからヒートアイランド（熱の島）と呼ばれるようになった．

屋上緑化は庭園タイプと環境対策タイプに分けられる．庭園タイプの一つである屋上庭園は，すでに明治時代にはつくられていたという記録が残って

表 10.2 緑化の種類（腰岡，2016 を改変）

緑化の種類	目　的
街路緑化	景観形成，緑陰の提供
のり面緑化	傾斜地の緑化
治山緑化	はげ山，荒廃地の復旧
砂防緑化	土砂災害の防止
防風緑化	強風の緩和
海岸緑化	景観形成，防風，飛砂防止
都市緑化	景観形成，ヒートアイランド現象の防止
生態系保全緑化	生態系の保全，回復
砂漠緑化	緑地の形成，飛砂防止，居住・生産場所の形成

いる．現在もなお，屋上庭園は東京，大阪といった大都市をはじめとして日本各地で造成されており，近年では屋上庭園部分を建物の免震構造と一体化させて，これまで屋上緑化を行ううえで最大の難点であった過大な積載荷重の問題を解決した画期的な工法によりつくられている．一方，環境対策タイプは，普段，人が立ち入らないような屋上空間を地被植物などで覆い，ヒートアイランド対策，熱遮蔽，雨水流出遅延，景観性の向上などを目的として施工する．屋上庭園タイプと異なる点は，環境対策に主眼がおかれ，近距離から見て鑑賞するためにつくられてはいない点にあり，緑化が行われてもそれ自体を見ることが不可能な空間に施工されることもある．

c. 壁 面 緑 化

建物の外壁などを緑化することを壁面緑化と呼び，屋上緑化と同じ目的で行われている．最近では，植物を植え付けたパネルを壁面に装着するパネル工法や，プランターを垂直方向に複数設置するプランター工法，コケが生えた資材を貼り付けるなどの工法が開発されている．従前から，つる性植物を用いての被覆が普及している．

壁面緑化は，屋上緑化に比べるとまだ特殊であるという印象が強く，竣工即完成，デザインの自由度の高さ，メンテナンスの容易さ，といった特徴を兼ね備えることが求められている．

d. 室 内 緑 化

室内の美観の向上やテクノストレスの解消，室内の空気浄化などを目的に，建物内や室内を緑化することを室内緑化と呼ぶ．オフィスやリビングに置かれた植物は，生活の場にやすらぎとうるおいをもたらし，コンピュータを駆使することによるテクノストレスの緩和に効果があるとされている．観葉植物を室内に置くことにより，冬季の気温上昇・湿度上昇，夏季の体感温度の低下など環境調節的効果が得られる．また，長時間のコンピュータなどを使った作業による視覚疲労の回復に対し，緑の植物を見ることが有効とされる．さらに室内に植物を置くことによって居住者の心理が変化することも証明されている．たとえば，オフィス内に観葉植物があると，そこで働く人々の快適感は大きく，撤去するとやすらぎ感に欠け，さびしく，無味乾燥な感じがするという評価が出ている．このような植物による効果はグリーンアメニティと呼ばれている．アメニティ効果は野菜や果樹ではほとんどみられず，花などの観賞植物で効果が高いといわれている．

ただし，屋内の環境は植物栽培にとっては不向きであり，植物を健全に栽培するためには屋内の光環境を整えたり，通風を改善するなどの工夫が求められる．

10.3 社会園芸学

園芸生産そのものよりも，個人あるいは集団としての人と園芸との関わりについて研究対象とする学問領域を社会園芸学と呼ぶ．飲食物，医薬，衣料，染料，住まいとしての材料生産や活用だけでなく，精神・心理，健康，教育・分化，交流，環境などといった人の日々の暮らしのあらゆる面に関係する．園芸のもつ機能を実際に活用しているのが，園芸福祉や園芸療法である．

a. 園芸福祉

園芸活動およびそれによって得られた生産物は，人に生産的効用，経済的効用，心理的・情緒的効用，環境的効用，社会的効用，教育的効用，身体的効用などをもたらす．それらの効用を享受し，癒しや喜び・愉しみを得て，心身ともに健康に人間らしく生きているという幸福感を味わう考え方や実践が園芸福祉（horticultural well-being）であり，心身の健康維持や生活の質（QOL；quality of life）の向上をめざすものである（**図 10.1**）．園芸福祉士の資格制度が確立されたこともあって，現在では園芸療法と園芸福祉の両者を区別して考えようとする動きも出てきているが，園芸を通じて人間の幸福の増進を図るという目的については変わりはない（**表 10.3**）．

図 10.1 シクラメンの花の手入れ

表 10.3 園芸療法と園芸福祉の位置づけ（松尾，2005，小浦，2013；一部改変）

名 称	対 象	専門家の関わり	具体的な活動内容・効用
園芸福祉	すべての市民	必ずしも必要ではない	余暇活動，健康法，交流，地域づくりや活性化，生きがいづくり，人間成長
園芸療法	患者，障害者	必要（園芸療法士，作業療法士などの療法士国家資格を有する者）	病気や障害の治療･改善･維持，リハビリテーション，心身の健康維持・改善，園芸福祉の効用

b. 園芸療法

園芸療法（hoticultural therapy）は，植物や園芸活動が心身に与える効果を活用して，対象者の気持ち，心身機能，日常生活における活動などの改善を目的とした非薬物療法，補完代替医療の一つである．資格をもつ園芸療法士，あるいは園芸療法に関する専門的知識・技術をもつ医師，看護師，作業療法士などによる，日常生活に支援が必要な人に対して，植物・緑のある環境・園芸作業を活用するプログラムに基づいた活動である．単なる花壇づくり，野菜づくりではなく，対象者本人が生きる意欲を取り戻し，社会とのつながりをもちながら日常生活を送れるように支援することである．そのため園芸療法士は，園芸という創造的活動を通して，対象者が情動性（本能的欲求に基づく行動）と創造性（創造的欲求に基づく行動）と社会性（社会的欲求に基づく行動）を高位に保ちながら，これらをバランスよく保つ「精神性」を養う手助けをする．園芸療法の目的は，園芸という創造的活動を通して，病気や障害を抱える対象者が，(1) 人間の創造性，(2) コミュニケーション（意思疎通），(3) 時間の概念，(4) 自己の客観化，(5) 利他性（他者への配慮）などについて，人間らしい行動を社会の中でバランスよく行えるようにすることといえる．

園芸療法で期待される効果の具体例としては，(1)「物を育てる」能動的な作業行為に伴う効果，(2) 植物という安心して接することのできる生物から受け取る効果，(3)「作業」をすることで得られる効果，(4) 専門知識および臨床の経験知，(5) 生活感（暮らし）・季節感および文化的側面から得られる効用などがあげられる．また，植物や園芸作業活動が関わる季節行事や生活様式を活用した活動により，社会参加のきっかけをつくるだけでなく，見当識の改善や認知障害の改善，予防効果なども期待できる．

［小池安比古］

文 献

1) 佐竹元吉（2016）：機能性野菜の化学—健康維持・病気予防に働く野菜の力—，日刊工業新聞社．
2) 腰岡政二編著（2016）：花卉園芸の基礎知識，農山漁村文化協会．

3)　松尾英輔（2005）：社会園芸学のすすめ―環境・教育・福祉・まちづくり―，農山漁村文化協会.
4)　小浦誠吾（2013）：日本における園芸療法の現状と今後の可能性．園学究，**12**：221-227.
5)　仁科弘重（1999）：グリーンアメニティ―人間の感性から考える室内緑化―3 視覚疲労緩和・回復効果．農業および園芸．**74**：34-40.
6)　今西英雄（2012）：花卉園芸学 新訂版，p.1-13．川島書店.
7)　藤岡真美（2012）：バイオセラピー学入門―人と生き物の新しい関係をつくる福祉農学―（林　義博・山口裕文編）．p.178-188，講談社.
8)　グリーンインフラ研究会（2017）：グリーンインフラ，日経 BP 社.
9)　今西英雄他（2014）：花の園芸事典，朝倉書店.

索　　引

あ　行

か　行

さ　行

た　行

な　行

は　行

ま 行

や 行

ら 行

わ 行

編著者略歴

いま にし ひで お
今 西 英 雄

1940 年　滋賀県に生まれる
1965 年　京都大学大学院農学研究科修士課程修了
2002 年　東京農業大学農学部教授
現　在　大阪府立大学名誉教授
　　　　農学博士

こ いけやす ひ こ
小池安比古

1964 年　大阪府に生まれる
1989 年　大阪府立大学大学院農学研究科博士前期課程修了
現　在　東京農業大学農学部教授
　　　　博士（農学）

見てわかる農学シリーズ　2
園芸学入門 第 2 版　　定価はカバーに表示

2006 年 6 月 10 日　初　版第 1 刷
2018 年 1 月 20 日　　　第 14 刷
2019 年 4 月 1 日　第 2 版第 1 刷
2025 年 1 月 25 日　　　第 7 刷

編著者　今 西 英 雄
　　　　小 池 安 比 古
発行者　朝 倉 誠 造
発行所　株式会社 朝 倉 書 店

東京都新宿区新小川町 6-29
郵便番号　162-8707
電話　03（3260）0141
FAX　03（3260）0180
https://www.asakura.co.jp

〈検印省略〉

ISBN 978-4-254-40550-7　C 3361